9
1970

Faserforschung und Textiltechnik

WISSENSCHAFTLICH-TECHNISCHE ZEITSCHRIFT
FÜR DIE CHEMIEFASER- UND TEXTILINDUSTRIE

BEGRUNDET VON
ERICH CORRENS UND WALTER FRENZEL

HERAUSGEGEBEN VON ERICH CORRENS
WOLFGANG BOBETH – HANS BÖHRINGER – HERMANN KLARE
BURKART PHILIPP – CHRISTIAN RUSCHER

SCHRIFTLEITER J. BRÄMER UND I. RUSCHER

AUS DEM INHALT

AKADEMIE-VERLAG BERLIN

Faserforsch. u. Textiltechnik • 21. Jahrg. • Heft 9 • Seiten 361–406 • Berlin im September 1970

DK 677.463:677.463.021.3:677.463.061:541.182.6.02

Arnold, Adolf, Philipp, Burkart, und *Schleicher, Harry*

Über Zusammenhänge zwischen dem Partikelspektrum von Viskosespinnlösungen und der Teilchenzahl von EWNN-Lösungen daraus hergestellter Celluloseregeneratfäden

Faserforsch. u. Textiltechnik **21** (1970) 9, S. 361—366. 2 Abb., 9 Tab., 10 Lit.

Anhand eines umfangreichen Versuchsmaterials wurden die Zusammenhänge zwischen den Teilchengehalten von Viskosen, den Partikelzahlen von in EWNN gelösten Fäden und den textilphysikalischen Werten der Seiden untersucht. Zwischen Partikelzahl der Spinnviskose, der Partikelzahl der wiederaufgelösten Fäden und den Festigkeiten der Seide ergeben sich nur dann gesicherte Korrelationen, wenn der Partikelgehalt der Spinnviskosen sehr großen Schwankungen unterworfen ist. Die Fadenfestigkeit wird besonders durch große Inhomogenitäten herabgesetzt.

DK 687.053.64-523:531.232:687.053.5

Nestler, Roland

Das Drehmomentverhalten von Industrie-Nähmaschinen Teil 2. Verbesserung des Drehmomentverhaltens

Faserforsch. u. Textiltechnik **21** (1970) 9, S. 383—388. 8 Abb., 23 Lit.

Für die Verbesserung des Drehmomentverhaltens von Industrie-Nähmaschinen werden geeignete Drehmomentausgleichssysteme ausgewählt und erprobt. Bei Verwendung derartiger Ausgleichssysteme wird ein sehr gleichmäßiger Drehmomentverlauf erzielt, der u. a. die Grundlage für weitere Leistungssteigerungen durch Drehzahlerhöhungen und eine höhere Laufruhe sowie für eine optimale Auslegung der Nähmaschine bildet.

DK 678.675'126:541.124:542.951.1:541.6

Reinisch, Gerhard, und *Dietrich, Klaus*

Zur Nachacylierung der Aminoendgruppen von Polycaprolactam

Faserforsch. u. Textiltechnik **21** (1970) 9, S. 367—370. 9 Abb., 1 Tab., 18 Lit.

Die Nachacylierung von Polycaprolactam in der Schmelze mit verschiedenen potentiell aminoendgruppenreaktiven Substanzen wurde untersucht. Carbonsäuren und Carbonsäureanhydride wirken acidolytisch, andere Zusätze wirken kettenverknüpfend bzw. vernetzend. Eine sehr wirksame und schnell reagierende Substanz ist N-Acetylcaprolactam.

DK 677-042.71:677-042.5:677.017.435:677.017.2/.7

Mikut, Reinhard

Beitrag zur Bestimmung des Verhaltens von Bauschen und Fäden bei Druckeinwirkung
Teil 2. Versuchsergebnisse

Faserforsch. u. Textiltechnik **21** (1970), 9, S. 389—397. 6 Abb., 2 Tab., 7 Lit.

Mit einer Lamellenprüfeinrichtung werden Druck-Verformungs-Versuche an Faserbauschen und Fadenbündeln durchgeführt. Es wird über die Einflüsse von Faserkräuselung, Oberflächenbeschaffenheit, Faserfeinheit, Faserstoffart, Fadenkonstruktion sowie thermischer und hydrothermischer Behandlung synthetischer Faserstoffe auf die Druck-Verformungs-Eigenschaften berichtet.

DK 677.4.021.5:531.43:532.135

Danilin, G. A., Serkov, T. A., und *Rjabuškin, A. V.*

Über den hydrodynamischen Widerstand beim Naßspinnen von Chemiefaserstoffen

Faserforsch. u. Textiltechnik **21** (1970) 9, S. 371—373. 3 Abb., 4 Lit.

In der Arbeit wird dargelegt, wie der hydrodynamische Reibungswiderstand beim Naßspinnen verringert und damit der Fadenbildungsprozeß stabilisiert werden kann.

Kurze Mitteilungen

DK 678.675'126:547.466.3:542.952.7:661.183.123.3:542.48:542.61:543.544:543.84

Clemens, Hans, und *Schulze, Brigitte*

Die Depolymerisation von Polyamid 6. Trennung und Identifizierung der sauren Abbauprodukte

Faserforsch. u. Textiltechnik **21** (1970) 9, S. 398. 1 Lit.

DK 677.494.675:677.494.061.38:677.494.021.97:677.494.051.71:[532.72.01:546.212]:628.853:338

Dittmann, Heinz, Henkel, Horst, Kaufmann, Siegfried, Lochmüller, Otto, und *Richter, Harald*

Dickstellen in gereckter Polyamidseide und ihre Entstehungsursachen

Teil 5. Versuche unter Produktionsverbindungen

Faserforsch. u. Textiltechnik **21** (1970) 9, S. 374—382. 8 Abb., 1 Tab., 4 Lit.

Im Anschluß an die früheren Untersuchungen werden experimentelle Nachweise für die Feuchteverteilung in der Spinnspule geführt und die Auswirkungen dieser Feuchteverteilung auf die Entstehung von T-Masern und Feinheitsschwankungen durch Versuche unter Produktionsbedingungen belegt. Anschließend werden Schlußfolgerungen für die günstigsten Produktionsbedingungen gezogen.

Die Zeitschrift „Faserforschung und Textiltechnik“ erscheint monatlich in Heften zu 48 Textseiten im Format A 4. Der Preis für das Einzelheft beträgt M 15,— (Sonderpreis für DDR M 9,—), für den Vierteljahrbezug M 45,— (Sonderpreis für DDR M 27,—), zuzügl. Bestellgeld. Die Berechnung erfolgt zu Beginn eines Vierteljahrs für 3 Hefte. Bestellungen aus dem Gebiet der Deutschen Demokratischen Republik an ein Postamt, eine Buchhandlung oder den Verlag, aus der Deutschen Bundesrepublik an eine Buchhandlung oder die Auslieferungsstelle Kunst und Wissen, Erich Bieber, 7 Stuttgart 1, Wilhelmstraße 4—6, aus dem Ausland an eine Importbuchhandlung, den Deutschen Buch-Export und -Import GmbH., 701 Leipzig, Postschließfach 276, oder den Akademie-Verlag GmbH., 108 Berlin, Leipziger Str. 3—4 (Fernruf: 220441; Telex-Nr. 0112020; Postscheckkonto 35021) erbeten. Bestellnummer dieses Heftes: 1014/21/9. Alleinige Anzeigenannahme DEWAG-WERBUNG, 102 Berlin, Rosenthaler Str. 28/31, und alle DEWAG-Betriebe in den Bezirksstädten der DDR. — Bestellungen in der UdSSR nehmen entgegen: Städtische Abteilungen von „SOJUZPECHATJ“ bzw. Postämter und Postkontore.

Herausgeber und verantwortlich für den Inhalt: Prof. Dr. Erich Correns, Institut für Faserstoff-Forschung der Deutschen Akademie der Wissenschaften zu Berlin, 153 Teltow-Seehof, Fernruf: Teltow 4831; Prof. Dr.-Ing. habil. Wolfgang Bobeth, Institut für Technologie der Fasern der Deutschen Akademie der Wissenschaften zu Berlin, 801 Dresden, Hohe Str. 6, Fernruf: 44721; Prof. Dr.-Ing. Hans Böhringer, Institut für Textiltechnologie der Chemiefasern Rudolstadt, Fernruf: Rudolstadt 2031; Prof. Dr. Hermann Klare, Prof. Dr. habil. Burkart Philipp und Dr. habil. Christian Ruscher, Institut für Faserstoff-Forschung der Deutschen Akademie der Wissenschaften zu Berlin, 153 Teltow-Seehof, Fernruf: Teltow 4831. Schriftleiter: Joachim Brämer und Dipl.-Chem. Ingeborg Ruscher, 153 Teltow-Seehof, Kantstr. 55. Verlag: Akademie-Verlag GmbH., 108 Berlin, Leipziger Str. 3—4. Satz und Druck: Druckhaus „Maxim Gorki“, 74 Altenburg. — Veröffentlicht unter der Lizenznummer 1280 des Presseamtes beim Vorsitzenden des Ministerrates der Deutschen Demokratischen Republik.

Manuskriptsendungen sind an einen der Herausgeber oder die Schriftleitung zu richten. Für Inhalt und Form gelten die „Richtlinien für die Annahme und Abfassung von Beiträgen“, erhältlich von der Schriftleitung. Die Verfasser größerer wissenschaftlicher Arbeiten erhalten außer dem Honorar ein Heft und 50 Sonderdrucke ihrer Arbeit unentgeltlich. Nachdrucke sowie Übersetzungen in fremde Sprachen des Inhalts dieser Zeitschrift und deren Verbreitung — auch auszugsweise mit Quellenangabe — bedürfen der schriftlichen Vereinbarung mit dem Verlag.

Faserforschung und Textiltechnik

WISSENSCHAFTLICH-TECHNISCHE ZEITSCHRIFT FÜR DIE CHEMIEFASER- UND TEXTILINDUSTRIE

Band 21 September 1970 Heft 9

Über Zusammenhänge zwischen dem Partikelspektrum von Viskosespinnlösungen und der Teilchenzahl von EWNN-Lösungen daraus hergestellter Celluloseregeneratfäden

Adolf Arnold

VEB Chemiefaserkombinat Schwarza „Wilhelm Pieck", Chemiefaserwerk „Friedrich Engels" Premnitz,

Burkart Philipp und Harry Schleicher

Deutsche Akademie der Wissenschaften zu Berlin, Institut für Faserstoff-Forschung in Teltow-Seehof

DK 677.463:677.463.021.3:677.463.061:541.182.6.02

Anhand eines umfangreichen Versuchsmaterials wurden die Zusammenhänge zwischen den Teilchengehalten von Viskosen, den Partikelzahlen von in EWNN gelösten Fäden und den textilphysikalischen Werten der Seiden untersucht. Zwischen Partikelzahl der Spinnviskose, der Partikelzahl der wiederaufgelösten Fäden und den Festigkeiten der Seide ergeben sich nur dann gesicherte Korrelationen, wenn der Partikelgehalt der Spinnviskosen sehr großen Schwankungen unterworfen ist. Die Fadenfestigkeit wird besonders durch große Inhomogenitäten herabgesetzt.

Взаимосвязь между распределением геликов по величине в вискозных прядильных растворах и содержанием геликов в растворах полученных из этих вискоз гидратцеллюлозных волокон в ЖВНК

На основе обширного экспериментального материала изучена взаимосвязь между содержанием геликов в вискозах и в растворах сформованных волокон в ЖВНК, а также физико-механическими показателями волокон. Надежная корреляция между содержанием геликов в вискозе и в растворах сформованных волокон в ЖВНК, а также прочностью волокон наблюдается лишь в том случае, когда содержание геликов в вискозе подвергается значительным колебаниям. Прочность волокон особенно снижается в результате наличия геликов больших размеров.

Relationship between the Particle Spectrum of Viscose Spinning Solutions and the Particle Number of Rayon Fibres therefrom dissolved in EWNN

The relationship between particle content of viscose spinning solutions, particle content of rayon fibres dissolved in EWNN and mechanical properties of the fibres have been established by evaluating ample experimental results. Reliable correlation between these quantities were found only with viscose spinning solutions having high particle number variation. The strength of the fibres is reduced mainly by large inhomogeneities.

1. Einführung

Die meisten einschlägigen Publikationen behandeln das Teilchenspektrum von Viskosespinnlösungen im Hinblick auf die Verarbeitbarkeit der Lösung bei der Filtration und im Spinnprozeß, während die Frage, inwieweit solche in der Spinnlösung vorliegenden Partikel als diskrete Inhomogenitäten in den Faden eingebaut werden und dessen textile Eigenschaften beeinflussen, nur in verhältnismäßig wenigen Arbeiten berührt wird. In zwei früheren Veröffentlichungen [1, 2], die auch die bis 1963 publizierten Ergebnisse anderer Arbeiten referierten, hatten wir unter Verwendung von Versuchscordseiden auf die analytischen Möglichkeiten einer konduktometrischen Partikelzählung an EWNN-Celluloselösungen hingewiesen und den Einfluß von Zellstoffqualität und Filtrationsgüte auf das Partikelspektrum von Spinnlösung und wieder aufgelöstem Regeneratfaden untersucht, wobei wir einen signifikanten Festigkeitsanstieg der Fäden allein durch Verringerung der Teilchenzahl mittels Intensivfiltration beobachteten. Inzwischen stellten *Zubachina* und *Serkov* [3] bei morphologischen Untersuchungen an Cordseiden fest, daß Gelteilchen von 5 bis 40 µm Durchmesser und mechanische Verunreinigungen der Viskose die wesentlichste Ursache eines Festigkeitsverlustes in Cordseiden-Elementarfäden sind, und von *Hedlund* [4] wurde vor allem auf die nachteilige Wirkung von in den Faden eingebauten kleinen Sandpartikeln (1 bis 4 µm Durchmesser) hingewiesen.

Da den bisherigen Publikationen nur ein sehr begrenztes, meist unter Labor- bzw. Modellbedingungen gewonnenes Versuchsmaterial zugrunde lag, war es das Hauptziel dieser Arbeit, die gezeigten Zusammenhänge unter betriebsnahen Bedingungen statistisch zu sichern und ihre Bedeutung für die Praxis der Herstellung von Viskoseseide zu prüfen, wobei gleichzeitig einige noch offene Fragen der Analysenmethode geklärt werden sollten.

2. Versuchsmethodik

Das *Probenmaterial* wurde zumeist aus der laufenden Produktion des Viskoseseide-Betriebes entnommen, z. T. auch in einer der betrieblichen Fahrweise angepaßten Versuchsanlage für 10 kg Zellstoffeinsatz gewonnen. Sofern nicht anders vermerkt, wurde 100% Fichtensulfitzellstoff eingesetzt, der einer normalen Tauchpressenalkalisierung und nach der Vorreife einer Naßsulfidierung im Simplexmischer unterworfen wurde. Nach dreimaliger Filtration wurde er nach einem halbkontinuierlichen Zentrifugenverfahren zu einer aus 30 Einzelkapillarfäden bestehenden Seide mit Gesamtfeinheit 13 tex (= 120 den) gesponnen und nachbehandelt, wobei zur Entschwefelung ein Na_2S-Bad diente.

Zur Teilchenzählung verwendeten wir ein konduktometrisches Gerät „ZG 1" (VEB Transformatoren- und Röntgenwerk Dresden), das nach der von *Heidenreich* [5] beschriebenen Absolutmethode geeicht wurde. Mit den Leitfähigkeitswerten

$\varkappa_1 = 8{,}4 \cdot 10^{-3}\,\Omega^{-1}\,\mathrm{mm}^{-1}$ für eine standardverdünnte Viskose [6, 7],

Tabelle 1. Einfluß der Lösebedingungen für EWNN als Lösungsmittel

EWNN-Lösung, enthaltend 0,5% entschwefelter, konditionierter Seide; Meßtemperatur: 20 °C ± 0,5 grd, Apertur: 100 µm, Zahl der Einzelmeßwerte $n = 50$

Lösedauer in h			Mittelwert der Teilchenzahl $\bar{x}$ pro ml Lösung; Teilchen $\gtreqless$ 5,5 µm	Variationskoeffizient V
Gesamt	Schüttelzeit	Standzeit		%
4	0	4	430	40
8	0	8	790	25
16	0	16	1100	4,2
24	0	24	1230	3,9
4	4	0	985	7,8
5	5	0	1261	4,7
10	10	0	1310	4,2
12	12	0	1290	4,5
6	6	0	1330	4,8
12	6	6	1400	4,3
24	6	18	1404	3,2

$\varkappa_1 = 13{,}9 \cdot 10^{-3}\,\Omega^{-1}\,\mathrm{mm}^{-1}$ für die hier verwendete, nach [8] bereitete EWNN-Lösung,

$\varkappa_1 = 6{,}4 \cdot 10^{-3}\,\Omega^{-1}\,\mathrm{mm}^{-1}$ für eine von uns benutzte, nach [1] bereitete Cadoxenlösung,

$\varkappa_2 = 3{,}63 \cdot 10^{-3}\,\Omega^{-1}\,\mathrm{mm}^{-1}$ für die Inhomogenitäten sowohl in Viskose wie in den EWNN- und Cadoxenlösungen der Fäden

erhielten wir mit der 100-µm- bzw. 140-µm-Apertur folgende unteren erfaßbaren Teilchengrößen (Durchmesser in µm), die gut mit entsprechenden Ergebnissen von *Pass* und *Michels* [9] übereinstimmen:

	100-µm-*Apertur*	140-µm-*Apertur*
Viskose	> 4,5 µm	> 7 µm
EWNN-Lösung	> 5,5 µm	> 9 µm
Cadoxen-Lösung	> 4,3 µm	> 6,8 µm.

Während für die nach verschiedenen Filtrationsstufen entnommenen und dann „standardverdünnten" Viskosen die bereits beschriebene [6, 7] Methodik unverändert übernommen wurde, erwiesen sich für die ***Partikelzählung an wiederaufgelösten Regeneratcellulosefäden*** methodische Untersuchungen zum Einfluß der Lösebedingungen (Tabelle 1), der Probenvorbehandlung (Tabelle 2) und des Lösungsmittels (Tabelle 3) als notwendig.

Tabelle 2. Einflüsse der Nachbehandlung auf das Zählergebnis $n = 200$

Behandlung	$\bar{x}$ (Teilchen $\gtreqless$ 5,5 µm)	V %
frisch ersponnen, unbehandelt	2540	4,1
entschwefelt	1628	4,5
nachbehandelt bis zur Konditionierung	1024	4,6
dsgl. andere Serie	1100	4,5
nach Konditionierung, Präparation entfernt	1070···1380*	3,8···49,9*

* verschiedene Extraktionsmittel

Tabelle 3. Vergleich der Partikelzahlen in EWNN und Cadoxen ($n = 30$)

Lösungsmittel	Probe I		Probe II		Probe III	
	$\bar{x}$	v %	$\bar{x}$	v %	$\bar{x}$	v %
EWNN	626	3,7	982	4,2	2270	4,5
Cadoxen	785	4,0	1100	4,3	2530	3,9

Nach mindestens 5 h Schütteldauer führt auch eine längere Standzeit zu keiner weiteren signifikanten Änderung der Teilchenzahl und des Variationskoeffizienten. Für die systematischen Messungen wurde eine Schütteldauer von 5 h und eine Standzeit von im allgemeinen 16 h gewählt, unter Beibehaltung einer Cellulose-Konzentration von 0,5% und einer Lösetemperatur von 20 °C (Tabelle 1). Art und Intensität der Nachbehandlung des frisch ersponnenen Fadens beeinflussen das Zählergebnis wesentlich, indem vor allem im Entschwefelungsbad, aber auch noch in den folgenden Waschstufen bis zur Trocknung und Konditionierung anhaftende Verunreinigungen gelöst bzw. weggewaschen werden, ohne daß sich dabei die Reproduzierbarkeit der Messungen wesentlich ändert (Tabelle 2).

Für die folgenden Messungen wurde, wenn nicht anders vermerkt, vollständig nachbehandelte, konditionierte Seide eingesetzt. Eine Entfernung der bei der Nachbehandlung aufgebrachten Präparation änderte bei der hier vorliegenden Technologie das Zählergebnis nicht signifikant; es erscheint jedoch notwendig, diesen Präparationsmitteleinfluß in jedem einzelnen Falle zu prüfen.

Der Einfluß der Cellulose-Lösungsmittel wurde an drei Spinnkuchen unterschiedlicher Partikelgehalte geprüft (Tabelle 3).

Bei praktisch gleichem Variationskoeffizienten und gleicher Differenzierung zwischen verschiedenen Proben liegen die an Cadoxen gezählten Partikelgehalte geringfügig, aber signifikant höher als bei EWNN-Lösungen, in Bestätigung unseres früheren Ergebnisses (vgl. [1]). Für unsere systematischen Arbeiten wählten wir EWNN als Lösungsmittel, das während und nach einer 20tägigen Alterungszeit mehrmals durch eine G4-Fritte filtriert wurde und danach Blindwerte von weniger als 100 Teilchen pro ml aufwies. Bei allen Ansätzen der Lösungsmittel wurden jeweils Dichte, Leitfähigkeit und Teilchengehalt kontrolliert und letzterer bei der Auswertung als Blindwert berücksichtigt. Im Hinblick auf eine ***statistische Auswertung*** der systematischen Messungen wurden an Rohviskosen, Spinnviskosen und EWNN-Regeneratcelluloselösungen Stichprobenserien größeren Umfanges ($n = 100$ je Meßbedingung) durchgemessen und ausgewertet. Die Zählergebnisse erfüllten befriedigend die Kriterien einer Normalverteilung. Bei allen Stichprobenserien lagen die Variationskoeffizienten für die Zahl der Teilchen > 5,5 µm erwartungsgemäß etwas niedriger als für die Zahl der Teilchen > 10 µm und ergaben Maximalwerte von

3,1% für Teilchen > 5,5 µm; 4,4% für Teilchen > 10 µm in Rohviskose,
8,3% „ „ > 5,5 µm; 8,9% „ „ > 10 µm in Spinnviskose,
5,1% „ „ > 5,5 µm; 7,5% „ „ > 10 µm in EWNN-Lösungen.

Auf den Mittelwert der Stichprobe bezogen, können im ungünstigsten Falle 95% der Einzelwerte in Toleranzbereichen von ±9,8% bei Rohviskose, ±19,7% bei Spinnviskose und ±13,8% bei EWNN-Celluloselösungen erwartet werden. Sieht man die für jede Meßbedingung (Stichprobe mit $n = 100$) erhaltenen Daten als Kennwerte einer normalverteilten Gesamtheit an und setzt näherungsweise den Mittelwert μ

Tabelle 4. Vergleich der Teilchenzahlen an Roh- und Spinnviskose

	Teilchendurchmesser in µm						
	> 4,5	> 5,5	> 6,5	> 7,5	> 9,5	> 10,5	> 15
Rohviskose 10^3 T/g Cellulose	621	394	192	152	76	49	13,6
Rohviskose % d. Gesamtzahl	100	63,8 ± 3	31 ± 1,3	24,5 ± 1,7	12,3 ± 1,2	7,8 ± 0,8	2,2 ± 0,5
Spinnviskose 10^3 T/g Cellulose	198	85	30	22	7	2,7	0
Spinnviskose % d. Gesamtzahl	100	46 ± 8	16 ± 4,3	12 ± 3,3	4 ± 1,8	2 ± 0,7	—

dieser Gesamtheit und den Mittelwert $\bar{x}$ daraus entnommener kleinerer Stichproben gleich ($n = 10$), so führen unter Berücksichtigung der oben angegebenen maximalen Variationskoeffizienten 95% aller Meßreihen mit $n = 10$ auf Mittelwerte, die maximal innerhalb folgender Grenzen um μ streuen:

Rohviskose:	±4,3%,
Spinnviskose:	±6,0%,
EWNN-Lösung:	±5,0%.

Ein Stichprobenumfang von $n = 10$ wurde daher für die systematischen Untersuchungen als vertretbar angesehen.

3. Systematische Untersuchungen

3.1. Partikelzählungen an Viskosen unter Betriebsbedingungen

Mit diesen Untersuchungen sollten zunächst einige an sich bekannte Zusammenhänge unter Betriebsbedingungen geprüft und gegebenenfalls statistisch gesichert werden.

Zur Gegenüberstellung von Betriebsrohviskose und Betriebsspinnviskose wurden unabhängig voneinander zu verschiedenen Zeiten fünfzehn Rohviskoseproben und zehn Spinnviskoseproben entnommen und in jeweils zehn Einzelmessungen durchgezählt. Eine Zuordnung einer bestimmten Spinnviskoseprobe zu einer bestimmten Rohviskoseprobe war aus betrieblichen Gründen nicht möglich, so daß in Tabelle 4 nur die Gesamtmittelwerte gegenübergestellt werden können.

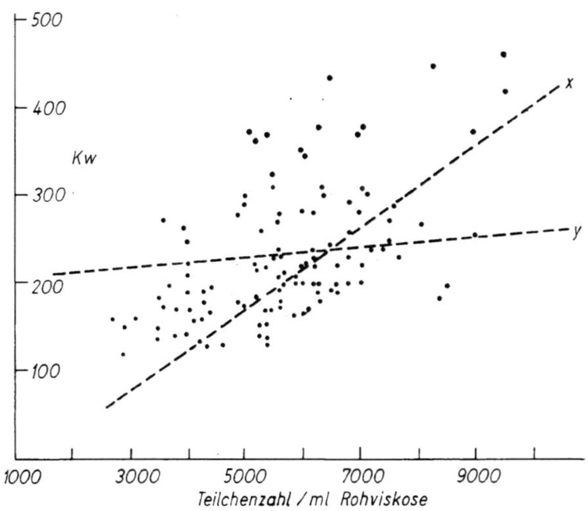

Bild 1. Zusammenhang zwischen der Zahl der Teilchen mit $d > 10$ µm von Betriebsviskosen und den mit einer Textilfilterpackung ermittelten K_W-Werten

Bei Spinnviskosen wurden in keinem Falle Teilchen > 15 µm bei der hier angewandten Zählmethodik gefunden. Die Schwankungen zwischen den Einzelproben überschritten beträchtlich die Fehlerbreite der Meßmethodik, so daß auch unter normalen Betriebsbedingungen eine gesicherte Qualitätsbeurteilung von Roh- und Spinnviskosen mittels konduktometrischer Partikelzählung möglich ist. Die „Spannweite" zwischen minimaler und maximaler Gesamtteilchenzahl (> 4,5 µm) betrug für Rohviskosen etwa 1:2, für Spinnviskosen 1:8, und war auch in den Größenbereichen zwischen 5 und 10 µm für Spinnviskosen deutlich größer als für Rohviskosen, wie die in Tabelle 4 mit aufgeführten Vertrauensbereiche für die prozentuale Verteilung ausweisen. Auch unter den Bedingungen eines normalen, d. h. von erkennbaren Störungen freien Betriebsablaufes, bestätigte sich ein mit 95% > S > 99% statistisch gesicherter Zusammenhang bei Rohviskosen sowohl zwischen der Zahl der Partikel > 10 µm und dem mit einer Textilfilterpackung (Baumwollnessel — Watte — Baumwollnessel) bestimmten K_w-Wert anhand von 108 durchgemessenen Viskosechargen (Bild 1), wie auch zwischen diesem K_w-Wert und einem mit Filterpapier (Schleicher und Schüll „598") bestimmten Papierfilterwert bei 70 durchgemessenen Rohviskosechargen.

Ebenso wie bei Rohviskosen ergibt sich auch für Betriebs-Spinnviskosen ein linearer Zusammenhang zwischen dem Logarithmus der Teilchenzahl und dem der Teilchengröße (vgl. Bild 2). Das gleiche gilt für die Zählergebnisse nach verschiedenen Zwischenstadien der Filtration (Tabelle 5). Mit fortschreitender Filtrationsgüte verlaufen diese Geraden in der log/log-Darstellung zunehmend steiler

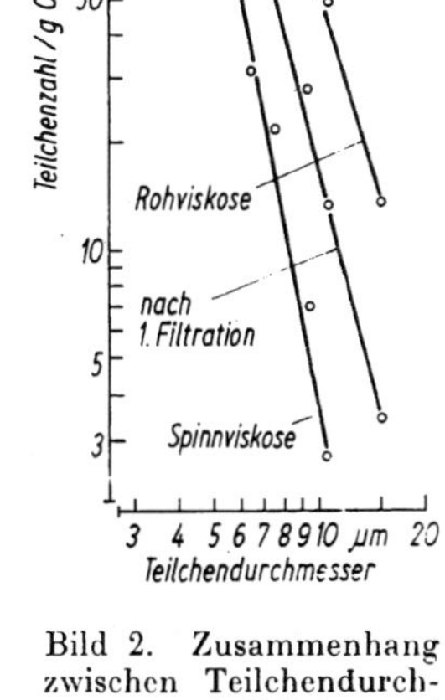

Bild 2. Zusammenhang zwischen Teilchendurchmesser und Teilchenzahl bei Betriebsviskosen

Tabelle 5. Prozentuale Verringerung der Partikelzahl in den einzelnen Größenklassen nach verschiedenen betrieblichen Filtrationsstufen

Teilchenzahl in % des Ausgangswertes, Teilchendurchmesser in µm

Probenahme	> 4,5	> 5,5	> 6,5	> 7,5	> 9,5	> 10,5	> 15
Nachlöser (Rohviskose)	100	100	100	100	100	100	100
Homogenisierkessel nach 6 h Verweilzeit	87	93	99	88	102	88	127
I. Filtration (PeCe-Kalmuck, Bw-Kalmuck, PeCe-Nessel)	61	62	54	52	42	33	27
II. Filtration (PeCe-Kalmuck, Bw-Kalmuck, Bw-Nessel)	35	29	17	14	7	5	0
III. Filtration (Belag wie bei II. Filtr.)	25	16	10	8	5	2	0

und führen bei Extrapolation nach geringeren Partikelgrößen hin annähernd zu einem gemeinsamen Schnittpunkt, der einem Partikeldurchmesser von 2,6 bis 2,9 µm entsprechen würde.

Die Wirksamkeit der einzelnen betrieblichen Filtrationsstufen geht aus Tabelle 5 hervor, wobei für jede Stufe an jeweils zehn Proben je zehn Einzelmessungen vorgenommen wurden.

Während die mechanische Behandlung im Homogenisierkessel mit keiner wesentlichen Änderung im Teilchenspektrum verbunden ist, führt *jede* der drei betrieblichen Filtrationsstufen zu einer deutlichen Verringerung der Partikelzahl in *allen* hier erfaßten Größenklassen, wenn — wie im hier vorliegenden Falle — eine entsprechend große Filterfläche vorhanden ist und unter nahezu konstantem und relativ niedrigem Druck filtriert wird. Dieser Sachverhalt widerlegt die oft in der Praxis geäußerte Ansicht, daß die dritte Filtration lediglich eine Art „Sicherheitsfiltration" ohne wesentliche Filterwirkung darstellt, und weist zugleich deutlich darauf hin, daß die untere Grenze der „Filterwirksamkeit" für die hier verwendete betriebliche Kombination bei recht kleinen Partikelgehalten unterhalb des hier erfaßten Bereiches liegen muß. Während *Parks* [10] für Partikeldurchmesser < 8 µm nur noch eine sehr geringe Retention beim Filtrationsvorgang beobachtete, fanden wir auch in den Größenklassen 4,5 bis 5,5 µm in allen drei Stufen noch eine signifikante Abnahme mit unserem Filtermaterial. Im Hinblick auf den schon erwähnten, durch Extrapolation erhaltenen gemeinsamen Schnittpunkt der vor bzw. nach den einzelnen Filtrationsstufen gefundenen Verteilungsgeraden (Bild 2) könnte man eine untere Grenze der „Abfiltrierbarkeit" bei 3 bis 4 µm annehmen, indem hier die Verteilungskurve in log/log-Darstellung bei filtrierten Viskosen nicht mehr linear verläuft, sondern auf die Gerade der Rohviskose einbiegt.

3.2. *Ergebnisse zur Partikelzählung an EWNN-Lösungen der Fäden*

An 20 zusammengehörigen Spinnviskose- und Seidenchargen wurden in jeweils zehn Einzelmessungen Partikelzählungen vorgenommen, und zwar bei den Fadenproben direkt nach dem Spinnen, nach dem Entschwefeln und nach der Fertigwäsche und Konditionierung. Gleichzeitig wurden Reißkraft und Reißdehnung der Seidenproben ermittelt. Tabelle 6 zeigt die Gesamtmittelwerte und die zugehörigen Spannweiten zwischen Minimal- und Maximalwert, wobei jeweils die Gesamtteilchenzahl der Teilchen > 5,5 µm pro g Cellulose aufgeführt wurde.

Bei fertig gewaschenen Fadenproben wurden in keinem Falle Partikel > 15 µm gefunden. Im Bereich 5,5 bis 10 µm ergab sich wie bei den Spinnlösungen eine lineare Abhängigkeit zwischen Logarithmus der Partikelzahl und Logarithmus der Partikelgröße. Die Angaben der Tabelle 6 bestätigen an einem umfangreichen Versuchsmaterial die bereits früher von uns unter Laborbedingungen festgestellte *größenordnungsmäßige* Übereinstimmung zwischen Partikelzahl in der Spinnviskose und Partikelzahl im wieder aufgelösten Faden, bezogen jeweils auf 1 g Cellulose. Gleichzeitig ist der erhebliche Einfluß der Fadennachbehandlung auf das Zählergebnis klar zu erkennen, so daß man eine Partikelzählung in der hier beschriebenen Form durchaus als analytisches Hilfsmittel zur Kontrolle von Nachbehandlungsprozessen in Erwägung ziehen kann. Trotz der beträchtlichen Spannweite der Partikelzahlen sowohl in der Spinnviskose als auch nach Wiederauflösung des Fadens konnte bei diesem unter normalen Betriebsbedingungen erhaltenen Zahlenmaterial *keine* gesicherte Korrelation zwischen beiden Partikelzahlen gefunden werden, ebensowenig wie zwischen Partikelzahl der EWNN-Lösung des Fadens und den textilen Kenngrößen.

Tabelle 6. Partikelgehalt von Spinnviskosen und von EWNN-Lösungen der Fäden sowie textile Daten der Seidenproben

Probe	Mittelwerte	Spannweite
Spinnviskose	$76{,}8 \cdot 10^3$ Teilchen	$21{,}3 \cdots 162{,}6 \cdot 10^3$
frisch ersponnener Faden	$105{,}9 \cdot 10^3$ Teilchen	$37{,}1 \cdots 259{,}9 \cdot 10^3$
Faden entschwefelt	$67{,}9 \cdot 10^3$ Teilchen	$19{,}1 \cdots 124{,}2 \cdot 10^3$
Faden fertig gewaschen, konditioniert	$42{,}6 \cdot 10^3$ Teilchen	$21{,}0 \cdots 77{,}7 \cdot 10^3$
Seide, konditioniert	20,5 Rkm	19,7··· 21,5
Seide, konditioniert	17,7% Dehnung	15,9··· 18,9

Tabelle 7. Zählergebnisse und textile Werte bei Modellversuchen mit ungenügend filtrierten Viskosen

Zahl der Filtrationen vor dem Erspinnen	Viskose Zahl der Teilchen		Faden Zahl der Teilchen		textile Werte	
	> 5,5 μm	> 15 μm	> 5,5 μm	> 15 μm	Rkm	% Dehnung
unfiltriert	390 · 10³	16 · 10³	350 · 10³	11 · 10³	15,9	18,7
einmal filtriert	220 · 10³	5 · 10³	190 · 10³	4 · 10³	17,4	19,3
zweimal filtriert	99 · 10³	0	82 · 10³	0	18,9	19,4

Tabelle 8. Zählergebnisse und textile Werte bei betrieblichen Fehlchargen im Vergleich zu Chargen bei normalem Betriebsablauf im gleichen Zeitraum

(Mittelwerte von je zehn Einzelmessungen an jeweils sechs verschiedenen Chargen)

Charge	Viskose Zahl der Teilchen		Faden Zahl der Teilchen		textile Werte	
	> 5,5 μm	> 15 μm	> 5,5 μm	> 15 μm	Rkm	% Dehnung
normal	96 · 10³	0	62 · 10³	0	21,1	18,1
Fehlchargen	158 · 10³	1,1 · 10³	123 · 10³	1,0 · 10³	17,9	19,1

Weder die Partikelzahl der Spinnviskose noch die der EWNN-Lösung ist also bei der hier betrachteten Spinntechnologie als qualitätsbestimmender Faktor anzusehen, solange sie in der für einen ungestörten Betriebsablauf gefundenen Schwankungsbreite bleibt. Wird hingegen durch eine betriebliche Störung oder durch eine als „Modellfall" bewußt ungenügend durchgeführte Filtration die Spinnviskose mit einem wesentlich höheren Partikelgehalt und vor allem auch mit Partikeln der sonst praktisch fehlenden Größenklasse > 15 μm belastet, so läßt sich ganz klar ein Anstieg der Partikelzahl der EWNN-Lösung des Fadens und eine erhebliche Verschlechterung der Reißfestigkeit erkennen, während die Dehnung nicht signifikant beeinflußt wird (Tabelle 7 und 8). Nachdem dieser Einfluß einer außerhalb der normalen betrieblichen Schwankungsbreite liegenden Verschlechterung der Spinnviskosequalität auf die Partikelzahl des wiederaufgelösten Fadens und über diese Größe zugleich auf die Seidenfestigkeit erkannt war, erschien es sinnvoll, diesen Zusammenhang auch von der Seite einer extrem intensiv filtrierten Viskose her zu prüfen. Dazu wurde an einer Spinnstelle im Betrieb die normale Spinnviskose durch einen dichten Kerzenbelag (Watte — Baumwollkalmuck — DEDERON-Batist) und durch im Glasfortsatz vor der Düse eingeschmolzene G3-Fritten filtriert. In der so erhaltenen Spinnviskose wurden praktisch keine Partikel > 9,5 μm mehr gefunden, während die Gesamtzahl der Partikel > 4,5 μm nur wenig verringert war. Die EWNN-Lösung der hiermit ersponnenen Fäden wies ebenfalls keine Partikel > 9,5 μm auf; die Seidenfestigkeit lag jedoch keinesfalls höher, sondern innerhalb der normalen Schwankungsbreite sogar etwas niedriger als bei Fäden aus normal filtrierter Spinnviskose. Die zusätzliche Entfernung der normalerweise vorhandenen Partikel im Größenbereich 10 bis 15 μm aus der Spinnviskose blieb somit ohne Einfluß auf die Qualität der Seide.

Anhand von jeweils zwölf in der 10-kg-Versuchsanlage bereiteten und gesponnenen Viskoseansätzen aus drei verschiedenen Nadelholzsulfitzellstoffen prüften

Tabelle 9. Einfluß des Zellstoffes auf die Partikelzahl in Viskose und Faden

Zellstoffdaten	Zellstoff	*a*-Cellulose %	Aschegehalt %	Harzgehalt %
	A	90	0,15	0,5
	B	92	0,03	0,2
	C	94	0,05	0,25

Rohviskose	Zellstoff	Zahl der Partikel > 5,5 μm pro g Cellulose ca. 35% CS_2	Zahl der Partikel > 5,5 μm pro g Cellulose ca. 42% CS_2
	A	547 · 10³	375 · 10³
	B	371 · 10³	222 · 10³
	C	362 · 10³	201 · 10³

Spinnviskose	Zellstoff	Zahl der Partikel > 5,5 μm pro g Cellulose ca. 35% CS_2	Zahl der Partikel > 5,5 μm pro g Cellulose ca. 42% CS_2
	A	177 · 10³	118 · 10³
	B	197 · 10³	98 · 10³
	C	115 · 10³	113 · 10³

Faden (kond.)	Zellstoff	Zahl der Partikel > 5,5 μm pro g Cellulose		Rkm		Dehnung %	
		ca. 35 % CS_2	ca. 42 % CS_2	ca. 35 % CS_2	ca. 42 % CS_2	ca. 35 % CS_2	ca. 42 % CS_2
	A	141 · 10³	100 · 10³	20,1	19,1	17,9	17,8
	B	174 · 10³	97 · 10³	19,8	19,8	18,1	18,2
	C	118 · 10³	107 · 10³	20,1	20,1	18,3	17,9

wir den Einfluß von Asche- und Harzgehalt auf die Partikelzahl von Roh- und Spinnviskose sowie von EWNN-Lösungen der Fäden bei zwei verschiedenen Niveaus der eingesetzten CS_2-Mengen (Tabelle 9). Teilchen > 15 µm wurden auch hier in den Spinnviskosen in keinem Falle festgestellt. Während sich in der Qualität der Rohviskosen der Einfluß der Zellstoffreinheit deutlich erkennen läßt, ist bei den Spinnviskosen bereits eine erhebliche Nivellierung festzustellen, vor allem bei höherem CS_2-Einsatz. Für die Partikelzahl der Spinnviskosen und der in EWNN gelösten Fäden ergibt sich bei dem niedrigen CS_2-Niveau die gleiche Rangordnung unter den Zellstoffen. Eine Erhöhung des CS_2-Einsatzes führt bei den hier verwendeten Sulfitzellstoffen und der angewandten Viskosiertechnologie zu einer signifikanten Abnahme der Partikelzahlen, die sich von der Rohviskose bis zum fertigen Faden verfolgen läßt, die jedoch im Einklang mit den bereits diskutierten Ergebnissen an Betriebsviskosen nicht mit einer Qualitätsverbesserung der fertigen Seiden verbunden ist.

4. Zusammenfassung und Schlußfolgerungen

Anhand eines umfangreichen Versuchsmaterials wurde eine Reihe bekannter Zusammenhänge, z. B. zwischen Gesamtteilchenzahl und K_w-Wert von Rohviskosen sowie zwischen Partikelgröße und Partikelzahl bei Roh- und Spinnviskosen, auch unter betrieblichen Bedingungen der Viskoseseideherstellung statistisch gesichert und die größenordnungsgemäße Übereinstimmung zwischen Partikelzahl der Spinnviskose und Partikelzahl nach Wiederauflösen des Fadens in EWNN (bezogen auf 1 g Cellulose) bestätigt, wobei zugleich ein erheblicher und möglicherweise für die Betriebsanalytik interessanter Einfluß der Fadennachbehandlung (Wäsche und Entschwefelung) auf die Partikelzahl der EWNN-Lösungen beobachtet wurde. Zwischen Partikelzahl der wiederaufgelösten Fäden und Partikelzahl der Spinnviskose ergibt sich eine gesicherte Korrelation nur dann, wenn der Partikelgehalt der Spinnviskose sehr großen, außerhalb eines normalen Betriebsablaufs liegenden Schwankungen unterworfen ist.

Das gleiche gilt für den Zusammenhang zwischen Partikelzahl der EWNN-Lösung des Fadens und Festigkeit der Seide, indem diese durch die „normalen" betrieblichen Schwankungen in der Anzahl der Partikel in den Größenklassen zwischen 4,5 und 10,5 µm bei Abwesenheit von Partikeln > 15 µm nicht in erkennbarem Maße beeinflußt wird, dagegen signifikant abnimmt, wenn die Gesamtzahl der Partikel > 5,5 µm im Faden einen Wert von etwa $1{,}5 \cdot 10^5$ pro g Cellulose erheblich überschreitet und wenn vor allem eine größere Anzahl von Teilchen > 15 µm vorhanden ist. Nach unseren Ergebnissen scheinen sich vor allem einzelne größere, in den Faden eingebaute Inhomogenitäten nachteilig auf die Festigkeit auszuwirken, während kleine Partikel offenbar stärker in die morphologische und übermolekulare Struktur des Fadens „integriert" werden und dadurch trotz ihrer großen Anzahl die textilen Daten nicht beeinflussen. Die für die von uns verwendete Viskoseseidetechnologie gefundene untere Grenze zwischen 10 und 15 µm dürfte allerdings nur für das betreffende Spinnverfahren gelten und sich vermutlich bei höher gezüchteten Fäden (Viskosecordseide) im Einklang mit unseren früheren Ergebnissen [1, 2] nach kleineren Partikeldurchmessern hin verschieben. Auf Grund der vorliegenden Ergebnisse neigen wir zu der Auffassung, daß es zwar für den Zusammenhang „Partikelzahl/Fadenfestigkeit" eine „untere Schädlichkeitsgrenze" im Partikeldurchmesser gibt, und zwar sicher nicht nur für Sandpartikel, sondern auch für cellulosische Gelteilchen, daß diese Grenze aber nicht generell angegeben werden kann, sondern für die jeweilige Viskosier- und Spinntechnologie durch ähnliche Untersuchungen, wie die hier beschriebenen, von Fall zu Fall experimentell ermittelt werden muß.

Literatur

[1] *Philipp, B.*, und *Baudisch, J.*: Zum Einfluß des Gelteilchengehaltes von Viskosespinnlösungen auf den übermolekularen Bau daraus hergestellter Cellulose-Regeneratfäden. Faserforsch. u. Textiltechnik **14** (1963) 7, S. 274—280.

[2] *Baudisch, J.*, *Philipp, B.*, *Schmiedeknecht, H.*, und *Schleicher, H.*: Zum Einfluß des Gelteilchengehaltes von Viskosespinnlösungen auf die Festigkeit daraus hergestellter Celluloseregeneratfäden und deren Teilchenzahl nach Lösen in EWNN. Faserforsch. u. Textiltechnik **15** (1964) 4, S. 153—157.

[3] *Zubachina, N. L.*, und *Serkov, A. T.*: Elementarfadenfehler und ihr Einfluß auf die Festigkeit des Viskosecords. Chim. Volokna (Chem. Fasern) (1968) 3, S. 38 bis 40.

[4] *Hedlund, I.*, *Dunbrant, St.*, und *Wilson, K.*: Der Einfluß von Zellstoffverunreinigungen auf die Garnfestigkeit. Svensk Papperstidn. **71** (1968) S. 241—245.

[5] *Heidenreich, E.*: Ein Beitrag zur Analyse von Mikrokörnungen. Schrift des VEB Transformatoren- und Röntgenwerke Dresden, 1967.

[6] *Kolos, F.*: Voraussetzungen für die konduktometrische Bestimmung der Teilchenverteilung in Viskose. Svensk Papperstidn. **64** (1961) 15, S. 533—544.

[7] *Kolos, F.*, und *Treiber, E.*: Teilchenbestimmung in Viskoselösungen. Svensk Papperstidn. **64** (1961) 16, S. 577—588.

[8] *Edelmann, K.*, und *Horn, E.*: Zur Herstellung und Anwendung der alkalischen Eisen-Weinsäure-Natrium-Komplexlösung für die viskosimetrische DP-Bestimmung der Cellulose. Faserforsch. u. Textiltechnik **9** (1958) 11, S. 495—500.

[9] *Pass, H.*, und *Michels, C.*: Beitrag zur Bestimmung des Gelteilchengehaltes in Viskosen. Faserforsch. u. Textiltechnik **20** (1969) 9, S. 434—437.

[10] *Parks, L. R.*, und *Jurbergs, K. A.*: Number and size distribution of particles in cellulosic solutions. J. appl. Polymer Sci. **4** (1960) 11, S. 193—199.

Eingegangen am 29. April 1970

Faserforschung und Textiltechnik 21 (1970) Heft 9

Zur Nachacylierung der Aminoendgruppen von Polycaprolactam[1)]

Gerhard Reinisch und Klaus Dietrich

Deutsche Akademie der Wissenschaften zu Berlin,
Institut für Faserstoff-Forschung in Teltow-Seehof, Abt. Polykondensatfaserstoffe

DK 678.675'126:541.124:542.951.1:541.6

Die Nachacylierung von Polycaprolactam in der Schmelze mit verschiedenen potentiell aminoendgruppenreaktiven Substanzen wurde untersucht. Carbonsäuren und Carbonsäureanhydride wirken acidolytisch, andere Zusätze wirken kettenverknüpfend bzw. vernetzend. Eine sehr wirksame und schnell reagierende Substanz ist N-Acetylcaprolactam.

К вопросу о „пост-ацилировании" концевых аминогрупп поликапролактама

Изучен процесс „пост-ацилирования" поликапролактама в расплаве с применением различных веществ, которые могут реагировать с концевыми аминогруппами. Карбоновые кислоты и их ангидриды вызывают ацидолиз, в то время как другие добавки увеличивают длину цепи или оказывают сшивающее действие. Весьма эффективным веществом с высокой реакционноспособностью является N-ацетилкапролактам.

The Afteracetylation of Terminal Amino Groups in Polycaprolactam

The afteracetylation of molten polycaprolactam by various substances supposed to react with terminal amino groups has been investigated. Carboxylic acids and their anhydrides caused acidolysis while other substances led to crosslinking or branching. N-acetylcaprolactam proved to be an effective substance of high reactivity.

1. Problemstellung

An der Nachacylierung von reglerfreien und von partiell aminoendgruppenblockierten Polycaprolactamen besteht aus praktischen wie aus analytisch-wissenschaftlichen Gründen beträchtliches Interesse.

So hat man versucht, die Nachpolykondensationsreaktion von technischem Polycaprolactamgranulat beim Spinnen durch Zusatz von Carbonsäuren zu vermindern [1]. *Schroth* [2] untersuchte die Auswirkung von Adipinsäurezusätzen auf das Nachpolykondensationsverhalten. Er schlägt vor, Adipinsäure z. B. während des Extraktionsprozesses auf Polycaprolactamgranulat aufziehen zu lassen; sie wird dabei salzartig an die Aminoendgruppen gebunden und soll sich beim Aufschmelzprozeß amidierend umsetzen.

Ein Patent empfiehlt, Polyamide, die als Matrix für die Herstellung von Verbundwerkstoff-Fäden aus Schmelzedispersionen von Polyäthylenterephthalat in Polycaprolactam verwendet werden, während des Dispersionsprozesses durch Nachacylierung auf niedrige Aminoendgruppenkonzentrationen zu bringen [3].

Die Herabsetzung der Aminoendgruppenkonzentration soll die Amino- bzw. Ammonolyse des Polyesters unterdrücken. Dadurch werde, so postuliert die Patentschrift, die Spinnbarkeit der genannten Dispersionen verbessert. Als Nachacylierungsmittel wird Sebacinsäure vorgeschlagen.

Man braucht ferner Polyamide mit niedriger Aminoendgruppenkonzentration als hochpolymeren Rohstoff für Fadenmaterialien mit stark herabgesetzter Säurefarbstoff-Affinität. Solche hell-anfärbenden Typen werden heute zusammen mit Fäden anderer Farbstoffaffinität verarbeitet und für die Erzielung von Färbeeffekten nach dem „differential-dyeing"-Verfahren (vgl. dazu z. B. [4]) verwendet. Es sei schließlich daran erinnert, daß Polycaprolactamfäden mit niedrigen Aminoendgruppenkonzentrationen eine geringere Vergilbungsneigung zeigen [5] als Fadenmaterialien mit den bislang technisch üblichen und durch die Verfahrenstechnik der Polykondensation sowie durch die Reglerkonzentration bedingten Acylierungsgraden von meist $<0{,}5$.

Wir selbst fanden kürzlich bei methodischen Untersuchungen zur phasentrennenden Fraktionierung von Polycaprolactam, daß man erst dann ein unverzerrtes Bild der Verteilung der rel. Molekülmassen erhält, wenn man die endgruppenbedingte Linearassoziation im Fraktioniergemisch durch Verwendung von nachacyliertem Polyamid weitgehend zurückdrängt [6].

Wir beschreiben nachstehend präparativ-analytische Untersuchungen, die zu einer für die Betriebs- und Laborpraxis brauchbaren wirksamen Nachacylierungsmethodik führten.

2. Arbeitsmethoden

Die hier zu diskutierenden Nachacylierungsversuche wurden ausschließlich am schmelzflüssigen Polymeren durchgeführt. Das Ausgangsgranulat (zylindrisch, $d = 2{,}5$ mm, $h = 3$ mm) hatte einen $\overline{P}_n$ von 144 (η_{rel} der Lösung von 0,5 g/dl in 95,6%iger H_2SO_4 bei 20 °C 1,600), einen Acylierungsgrad von 0,4 und enthielt $0{,}05 \pm 0{,}02$ Masse% Wasser [7] sowie 1,24 Masse% niedermolekulare Anteile. Die Aminoendgruppenkonzentrationen der Polymerenproben wurden konduktometrisch an Lösungen von 0,3 g des Polymeren in 20 ml Phenol(3)/Methanol(1) (m/m) mit 0,02 n HCl in 98%igem Methanol titriert [Konduktoskop E 365 B + Potentiograph E 336 der Fa. Metrohm, Herisau (Schweiz)]. Die Carboxylgruppentitration erfolgte in Benzylalkohol (25)/Propanol (3) [8] bei Raumtemperatur mit 0,02 n Lösung von KOH in Benzylalkohol(9)/Methanol(1) und Endpunktsanzeige durch Kresolrot (gelb/farblos/violett). Das Titrationsmittel wurde mit der Kolben-Handbürette E 457 der Fa. Metrohm dosiert. Gelöst wurden die Polymeren für die Aminoendgruppentitration durch Stehen über Nacht im Lösungsmittelgemisch, für die Carboxylgruppentitration durch 20 min Erhitzen in Benzylalkohol unter strömendem N_2 bei 180 °C.

Die Standardabweichungen der Analysenmethoden betrugen:

$s_{10}([-NH_2]) = 0{,}18$ µÄqu/g für $\overline{[-NH_2]} = 42$ µÄqu/g,

$s_{10}([-COOH]) = 0{,}35$ µÄqu/g für $\overline{[-COOH]} = 56$ µÄqu/g,

$s_{10}(\eta_{rel}) = 0{,}0037$ für $\eta_{rel} = 1{,}661$

(Stichproben aus einheitlichem Produktionsgranulat).

Die Titrationsmittel waren nach Titerstellung an Urtitersubstanzen in den jeweiligen Titrationslösungsmitteln äquivalent. Die potentiellen Acylierungsmittel wurden auf 10 g Polycaprolactamgranulat durch Schütteln im Turbula-

[1)] 11. Mitt. über Probleme der Polyamidchemie. 10. Mitt.: *Reinisch, G.*, und *Ulrich, H.-H.*: Faserforsch. u. Textiltechnik **21** (1970) 6, S. 232–236.

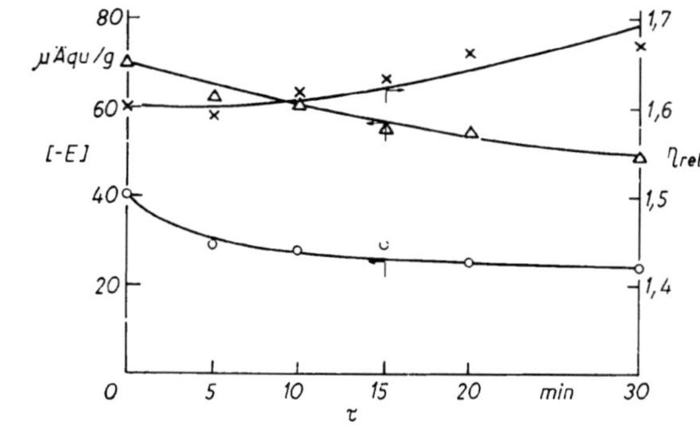

Bild 1. Veränderungen polymeranalytischer Werte ($[-NH_2]$ = ○; $[-COOH]$ = △; rel. Lösungsviskosität = ×) beim Aufschmelzen von Polycaprolactam (270 °C) $[-E] = [-NH_2]$ bzw. $[-COOH]$

Mischer [Fa. W. A. Bachofen, Basel (Schweiz)] gleichmäßig verteilt und die Mischung in zylindrischen Glasgefäßen (d = 30 mm, h = 140 mm) in ein Salzbad von 270 °C ± 0,5 grd (Eintauchtiefe 70 mm) eingebracht. Nach 3 min Aufheizzeit (vgl. [9]) wurde das Reaktionsgemisch mit 28 U/min gerührt und jeweils nach 5, 10, 15, 20 und 30 min, gerechnet vom Rührbeginn an, die Reaktion durch Entnahme des Gefäßes aus dem Salzbad und Abkühlen unterbrochen. Während der Aufheiz- und Reaktionsphase wurde N_2 (< 2 ppm O_2) mit 0,6 l/h über das Reaktionsgut geleitet. Vor dem Eintauchen in das Heizbad wurden Granulat und Glasgefäß 5 min durch einen Ansatz am Gefäßboden mit 2 l/h N_2 sauerstofffrei gespült.

Die mechanisch zerkleinerten Proben wurden nach dem Durchflußprinzip [10] 16 h mit Wasser extrahiert und 24 h bei 105 °C/1 Torr getrocknet.

3. *Diskussion der Ergebnisse*

Unser Polycaprolactamgranulat zeigte unter den Reaktionsbedingungen (offenes, durch Rühren durchmischtes System, Schmelzeschichtdicke ca. 2 bis 3 mm) das aus Bild 1 ersichtliche Nachpolykondensationsverhalten.

Sebacinsäure bzw. Adipinsäure in aminogruppenäquimolaren Mengen erwirken zwar innerhalb von 30 min eine etwas weitergehende, aber in der Anfangsphase keine raschere Blockierung der Aminoendgruppen.

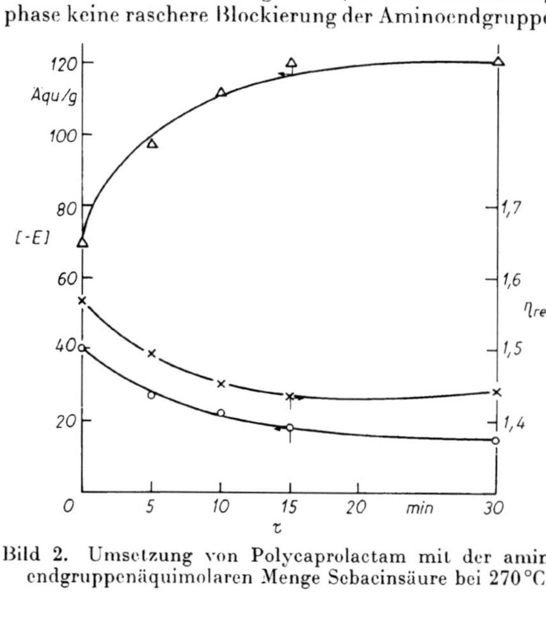

Bild 2. Umsetzung von Polycaprolactam mit der aminoendgruppenäquimolaren Menge Sebacinsäure bei 270 °C

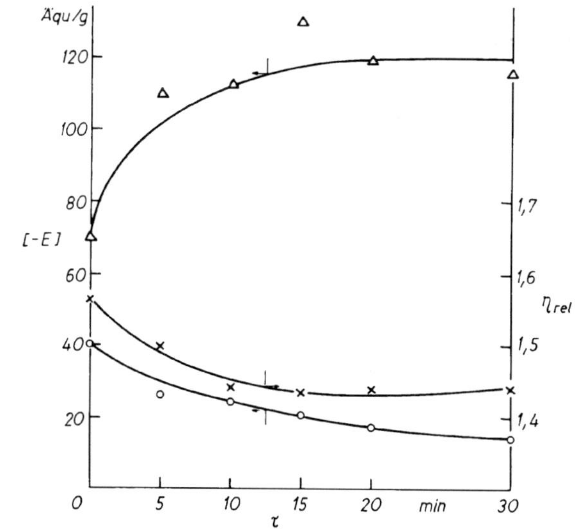

Bild 3. Umsetzung von Polycaprolactam mit der aminoendgruppenäquimolaren Menge Adipinsäure bei 270 °C

Außerdem nimmt $\overline{P}_n$ infolge der erwartungsgemäß (Quotient $[-CONH-]/[-NH_2] > 100$) beträchtlichen Acidolyse ab. Die Acidolyse ist auch an dem starken Ansteigen von $[-COOH]$ klar erkennbar (Bild 2 und 3). Höhere Säurekonzentrationen verstärken die Acidolyse (Bild 4).

In den Bildern 5 bis 8 sind die Ergebnisse einiger weiterer Versuche zur Aminoendgruppenblockierung mit potentiellen Acylierungsmitteln dargestellt. Zunächst in Bild 5 der Analogieversuch zu der von

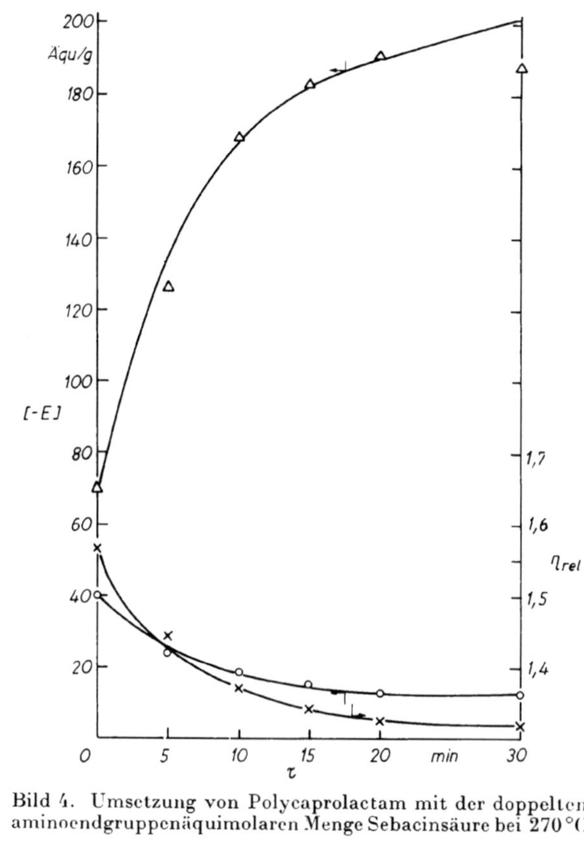

Bild 4. Umsetzung von Polycaprolactam mit der doppelten aminoendgruppenäquimolaren Menge Sebacinsäure bei 270 °C

van der Want [11] praktizierten partiell heterogenen Acylierung von Polycaprolactam mit Phenylisocyanat in Dimethylformamid bei 150 °C. Gegenüber den Aminoendgruppen von schmelzflüssigem Polycaprolactam bei 270 °C erweist sich Phenylisocyanat, wie aus Bild 5 zu ersehen ist, als nahezu unwirksam. Dies liegt nicht etwa in seiner Flüchtigkeit unter unseren Reaktionsbedingungen begründet. Ein Vergleichsversuch in unserem quasigeschlossenen System [9] ließ auch keinerlei Blockierungsaktivität des Isocyanats erkennen. Der Polymerenschmelzpunkt verändert sich durch die Isocyanatbehandlung nicht.

Benzoesäureanhydrid wirkt zwar acylierend (Bild 6); wie zu erwarten war, spaltet aber das zweite Reaktionsprodukt Benzoesäure auch zugleich Kettenamidbindungen.

Der etwas energiereiche Ester Dimethylterephthalat (Bild 7) reagiert energischer mit den Binnengruppen des Polyamids als mit dessen Aminogruppen (vgl. eine ähnliche Erscheinung bei [12]).

Triphenylphosphat ist gegenüber nucleophilem Angriff sehr reaktionsfähig. Man erreicht daher mit diesem energiereichen Ester innerhalb der ersten 5 min Reaktionsdauer eine Verminderung der Aminoendgruppenkonzentration ($\Delta[-NH_2]_5$) um ca. 22 µÄqu/g (Bild 8). Auch die Carboxylgruppen nehmen ab; offenbar wirkt der Phosphorsäureester in gewissem Umfang bei der Knüpfung neuer Amidbindungen mit. Der viskosimetrisch gemessene $\overline{P}_n$ steigt aber viel stärker an, als es der Abnahme an [—COOH] entspricht. Dies könnte durch N—P—N-Verknüpfungen bedingt sein. Der Anstieg der Gelteilchenzahl in den mit Triphenylphosphat umgesetzten Proben von 61 Teilchen/ml im Ausgangsmaterial auf 353 Teilchen/ml in den 30-min-Proben der in Bild 8 beschriebenen Reihen läßt erkennen, daß die Phosphorverbindung auch vernetzend wirkt. Die Teilchenzahlanalysen erfolgten nach dem von uns beschriebenen Verfahren [13] an Lösungen von 1 g der Polymeren/dl 85%iger HCOOH (100)/95,6%iger H_2SO_4 (8) (v/v) im Granulometer ZG 2 des Transformatoren- und Röntgenwerkes Dresden bei den Geräteeinstellungen $IS = 10$, $iS = 2^{-1}$, $DS = 3$ [2]).

Als hochwirksames Acylierungsmittel für Aminoendgruppen in Polycaprolactamschmelzen erwies sich N-Acetyl-Caprolactam. N-Acyllactame sind wegen ihrer energiereichen Diacylimidgruppierung sehr leicht aminolytisch [14, 15] und ammonolytisch [16, 17] spaltbar. Dabei entsteht aus dem Reaktionsanteil der endocyclischen Carbonylgruppe kein Nebenprodukt; aus der anteiligen Reaktion der exocyclischen Carbonylgruppe mit den Aminoendgruppen geht nur ein für das System „arteigenes" Spaltprodukt — Caprolactam — hervor.

[2]) Wir danken Herrn Dipl.-Ing. *Jakob* für die Durchführung der analytischen Teilchenbestimmung.

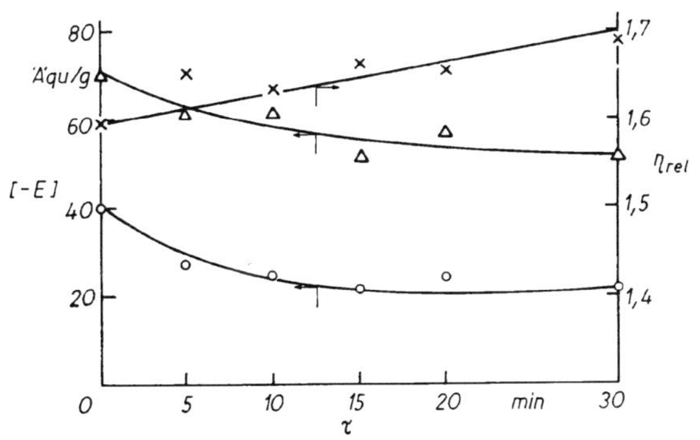

Bild 5. Polymeranalytische Daten beim Aufschmelzen von Polycaprolactam mit der aminoendgruppenäquimolaren Menge Phenylisocyanat bei 270 °C

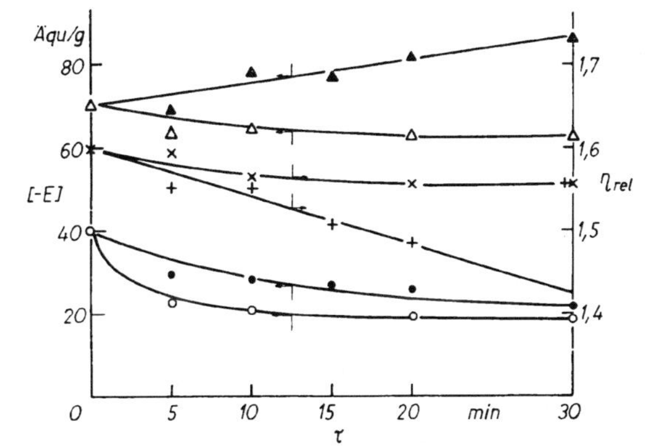

Bild 7. Umsetzung von Polycaprolactam mit Dimethylterephthalat (○, △ und ×: 0,35 mol/mol Aminoendgruppen; ●, ▲ und +: 1,0 mol/mol Aminoendgruppen) bei 270 °C

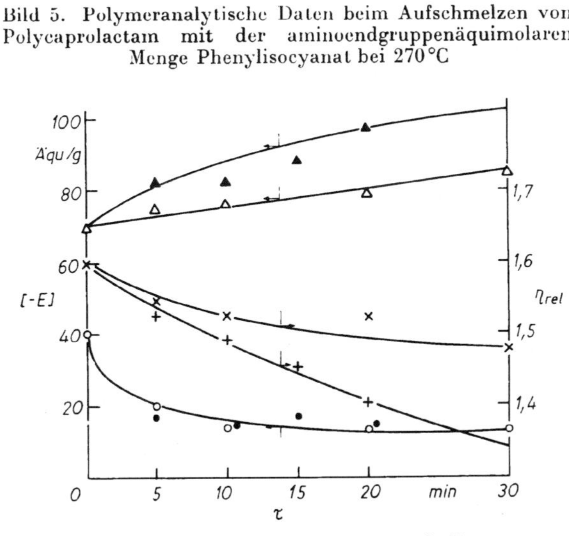

Bild 6. Umsetzung von Polycaprolactam mit Benzoesäureanhydrid (○, △ und ×: 0,64 mol/mol Aminoendgruppen; ●, ▲ und +: 1,0 mol/mol Aminoendgruppen) bei 270 °C

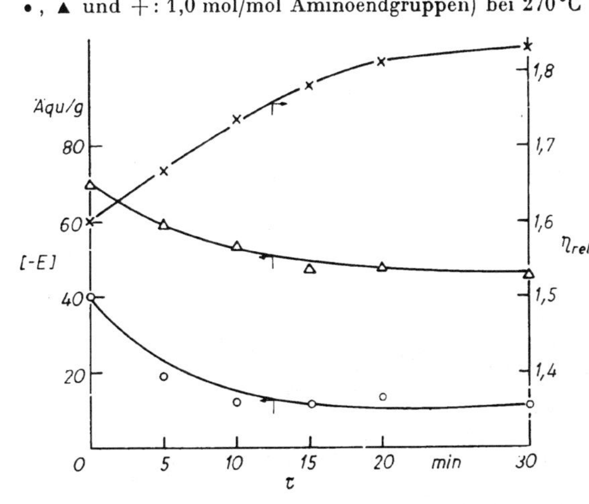

Bild 8. Umsetzung von Polycaprolactam mit der aminoendgruppenäquimolaren Menge Triphenylphosphat bei 270 °C

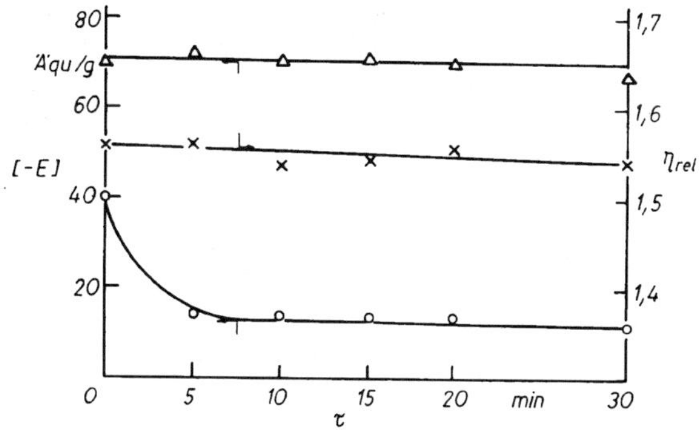

Bild 9. Umsetzung von Polycaprolactam mit der aminoendgruppenäquimolaren Menge N-Acetylcaprolactam bei 270 °C

Tabelle 1. Nachacylierung bei Labor-Extruderspinnversuchen (Laborextruder der Fa. R. Schwabenthan, Westberlin; $d = 20$ mm; $l = 400$ mm; *mit Eigenbau-Spinnkopf) mit Polycaprolactamgranulat unter Zusatz von Sebacinsäure und N-Acetylcaprolactam* ($[-NH_2]$ *des Ausgangsgranulates* 41,6 μÄqu/g)

Zusatzstoff	mol-% bzg. auf $[-NH_2]$	Mittlere Verweilzeit min	$[-NH_2]$ μÄqu/g
1. ohne	—	3	33,4
2. Sebacinsäure	58	5	34,1
		3	34,70
3. N-Acetylcaprolactam	82	5	33,40
		3	10,92
		5	9,02

Solange das Acyllactam nicht in molarem Überschuß (bezogen auf $[-NH_2]$) vorliegt, ist auch nicht mit seiner Hydrolyse durch das Gleichgewichtswasser des Polykondensatsystems zu rechnen, vorausgesetzt, die bei 20 bis 100 °C gefundenen erheblichen Reaktivitätsunterschiede zwischen Aminen (rasche Reaktion) und Wasser (langsame Umsetzung) gelten auch noch bei 270 °C. Die Experimente bestätigen, daß diese Gesetzmäßigkeiten tatsächlich in der Polymerenschmelze noch gelten (Bild 9). Es tritt keinerlei acidolytisch bedingte (durch Acyllactamhydrolyse initiierte) Kettenspaltung ein. $\Delta[-NH_2]_5$ hat mit 25 μÄqu/g den höchsten Wert in der Reihe der von uns untersuchten Zusatzstoffe. Anstelle von N-Acetyl-Caprolactam kann man natürlich auch andere schwerflüchtige N-Acyllactame sowie aliphatische Diacylimide verwenden.

Diese Nachacylierung mit Diacylimiden ermöglicht die Herstellung von weitgehend aminoendgruppenfreien Polyamidfäden durch Extruderspinnen von diacylimidbehaftetem Granulat (Tabelle 1). Die Vergleichsversuche mit Granulat ohne Zusätze und unter Zusatz von Sebacinsäure zeigen, daß auch unter diesen Bedingungen Sebacinsäure nicht mit den Aminoendgruppen reagiert.

Schließlich erhält man auch durch Zusatz von etwa 0,5 Masse% N-Acetylcaprolactam zu Autoklavenpolymerisationen von Caprolactam Granulate mit Aminoendgruppenkonzentrationen von nur etwa 10 μÄqu/g [18].

Frau *A. Lange*, Herrn Chem.-Ing. *H. Versäumer*, Herrn Chem.-Ing. *S. Tolsdorf* und den Herren *E. Deneke* und *H.-D. Schuldt* danken wir für die Durchführung der Versuche.

Dem VEB Chemiefaserwerk Wilhelm-Pieck-Stadt Guben danken wir für verständnisvolle materielle Unterstützung dieser Arbeiten.

4. *Literatur*

[1] Nachbehandlung von Polyamiden. Bemberg AG., GBP 896906 vom 31. 3. 1958.

[2] *Schroth, R.*: Über die Nachpolymerisation von Polyamidschmelzen. Faserforsch. u. Textiltechnik **18** (1967) S. 380—384.

[3] Verfahren zur Herstellung von Polyamid/Polyester-Gemischen und daraus hergestellten Fäden. Allied Chemical Corp., NdP 6600608 vom 18. 1. 1966; entspr. FrP. 1469276.

[4] *Beutler, H.*: Neue Musterungsmöglichkeiten für Deko- und Oberbekleidungsartikel durch differential-dyeing-Verfahren. Chemiefasern **19** (1969) S. 108—113.

[5] *Schlack, P.*: Oxydationserscheinungen an Polyamiden. Angew. Chemie **80** (1968) S. 761.

[6] *Rafler, G.*, und *Reinisch, G.*: Veröff. in Vorbereitung; *Reinisch, G.*: Vortrag im Kolloquium der Sektion Chemie der TH für Chemie Leuna-Merseburg, 24. 3. 1970.

[7] *Reinisch, G.*, und *Dietrich, K.*: Zur Bestimmung des Wassergehaltes in Polycaprolactam. Faserforsch. u. Textiltechnik **18** (1967) S. 535—536.

[8] *Turska, E.*, und *Wolfram, L.*: Modifizierte Methode zur Endgruppenbestimmung in Polyamiden. Zesz. nauk. Politechn. Łódźkiej (Wiss. H. Techn. Hochsch. Łódź), Chemia (Chemie) **22** (7) (1958) S. 79—82.

[9] *Reinisch, G.*, und *Gohlke, U.*: Zur analytischen Laborpolymerisation von Polycaprolactam. Faserforsch. u. Textiltechnik **20** (1969) S. 463—466.

[10] *Reinisch, G.*, und *Dietrich, K.*: Über die Aussagesicherheit verschiedener Methoden zur Bestimmung der niedermolekularen Anteile von Polycaprolactam. Faserforsch. u. Textiltechnik **19** (1968) S. 149—154.

[11] *van der Want, G. M.*: Re-equilibration of polyaminocaproic acid. Masking of amino- and carboxylendgroups due to a reaction with an isocyan acid ester. J. Polymer Sci. **37** (1959) S. 547—550.

[12] *Opric, Z. G., Lazutkina, T. P., Šablygin, M. V., Kudrjavcev, G. I.*, und *Katoržnov, N. D.*: Faserstoffe aus Polyamidoestern auf der Basis von Caprolactam und Dimethylterephthalat. Chim. Volokna (Chem. Fasern) (1966) 4, S. 23—25.

[13] *Reinisch, G., Jakob, W.*, und *Jaeger, W.*: Quantitative Teilchenanalyse in Polycaprolactamlösungen. Faserforsch. u. Textiltechnik **20** (1969) S. 152—154.

[14] *Reinisch, G.*: Probleme der Polyamidchemie. III. Zum Kettenwachstum bei der anionischen Polymerisation von Caprolactam. Faserforsch. u. Textiltechnik **13** (1962) S. 549—556.
Reinisch, G.: Die Startreaktion bei anionischer Caprolactampolymerisation. Zur Chemie aliphatischer Aminoacyl-lactame. Faserforsch. u. Textiltechnik **15** (1964) S. 472—480.

[15] *Šebenda, J.*, und *Stehlicek, J.*: Alkalische Polymerisation des 6-Caprolactams. X. Strukturuntersuchung der Imidgruppen im Polymeren mittels alkalischer Hydrolyse und Aminolyse. Collection czechoslov. chem. Commun. **28** (1963) S. 2731—2743.

[16] *Reinisch, G.*, und *Jaeger, W.*: Kationische Caprolactampolymerisation. Modellversuche zum Chemismus des Kettenwachstums bei Auslösung mit Caprolactamhydrochlorid. Faserforsch. u. Textiltechnik **16** (1965) S. 583 bis 588.

[17] *Doubravszky, S.*, und *Geleji, F.*: Über Probleme der kationischen Polymerisation des Caprolactams. V. Die Rolle der N-Acetyllactamgruppen bei der Polymerisation mit Caprolactam-hydrochlorid. Makromol. Chemie **113** (1968) S. 270—281.

[18] *Reinisch, G., Dietrich, K., Versäumer, H.*, und *Tolsdorf, S.*: Verfahren zur Nachstabilisierung von Polyamiden. DDP mit Aktenzeichen WP39c/136192 vom 25.11. 1968.

Eingegangen am 29. April 1970

Faserforschung und Textiltechnik 21 (1970) Heft 9

Über den hydrodynamischen Widerstand beim Naßspinnen von Chemiefaserstoffen

G. A. Danilin, T. A. Serkov und A. V. Rjabuškin
Allunions-Kunstfaser-Forschungsinstitut Mytišči

DK 677.4.021.5:531.43:532.135

In der Arbeit wird dargelegt, wie der hydrodynamische Reibungswiderstand beim Naßspinnen verringert und damit der Fadenbildungsprozeß stabilisiert werden kann.

О гидродинамическом сопротивлении при формовании химических волокон по мокрому способу

Показаны возможности снижения гидродинамического сопротивления трения при формовании волокон по мокрому способу и связанная с этим стабилизация процесса формования.

The Hydrodynamic Resistance in Wet Spinning of Man-made Fibres

It is shown how the hydrodynamic friction in wet spinning can be reduced and, thereby, the fibre formation aquires higher stability.

Der hydrodynamische Widerstand ist einer der entscheidenden Faktoren, die die Stabilität des Fadenbildungsprozesses, die Qualität des fertigen Faserstoffes und die Möglichkeit einer Erhöhung der Spinngeschwindigkeit bestimmen. Es ist bekannt [1, 2], daß sich der hydrodynamische Widerstand hauptsächlich aus zwei Komponenten zusammensetzt:

1. Die Kraft, die auf die Elementarfäden infolge der Beschleunigung des vom Fadenbündel in Form einer Grenzschicht (sogenannter „Pelz") mitgenommenen Fällbades ausgeübt wird. Diese Kraft wirkt im Bereich *AB* (s. Bild 1) auf einer Länge von 0,2 bis 0,5 cm in unmittelbarer Nähe der Düse. Die Größe dieser Komponente des hydrodynamischen Widerstandes wird durch den Durchmesser des Düsenbodens und die Geschwindigkeit, mit der der Faden von der Düse abgezogen wird, bestimmt. Praktisch erfährt das transportierte Fällbadvolumen (Q_2), das gleich dem Produkt aus perforierter Oberfläche des Düsenbodens (S_0) und Fadenabzugsgeschwindigkeit (v_0) ist, eine Beschleunigung von Null bis auf die Geschwindigkeit $0{,}95\,v_0$ im Abstand 0,2 bis 0,5 cm. Die hierbei auf den Faden wirkende Kraft ist recht groß und kann zum Abreißen von Elementarfäden führen.

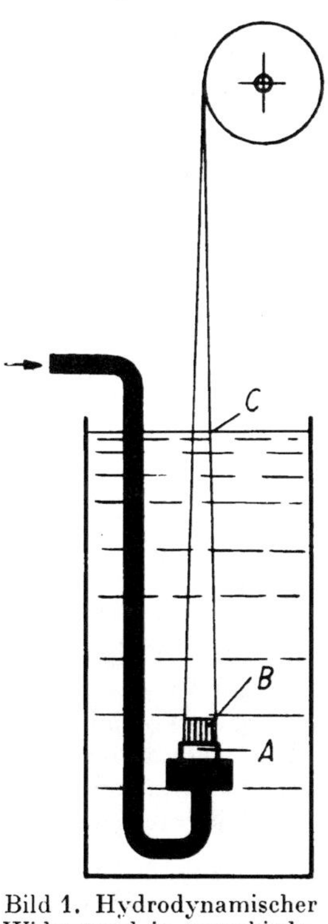

Bild 1. Hydrodynamischer Widerstand in verschiedenen Zonen der Fadenbildung

2. Weiterhin bewegt sich der Faden mit dem mitgeführten Fällbad wie ein einheitliches Ganzes in Form eines Zylinders (genauer eines Kegels). Der hydrodynamische Widerstand wirkt an der Berührungsfläche von Zylinder und dem ihn umgebenden Fällbad (Bereich *BC* in Bild 1). In diesem Bereich kann durch Reibung ein Reißen von an der Peripherie des Zylinders befindlichen Elementarfäden erfolgen. Dies ist die zweite Komponente des hydrodynamischen Widerstandes.

Obwohl beiden Komponenten ein und dieselbe Erscheinung — die Wechselwirkung des Fällbades mit der festen Oberfläche — zugrunde liegt, soll jedoch unter Berücksichtigung auftretender Besonderheiten die erste Komponente „hydrodynamischer Beschleunigungswiderstand" und die zweite „hydrodynamischer Reibungswiderstand" genannt werden. In der vorliegenden Arbeit werden wir zwei Wege zur Verringerung des hydrodynamischen Reibungswiderstandes und damit zur Erhöhung der Stabilität des Fadenbildungsprozesses sowie der Qualität des Faserstoffes betrachten.

Die wirksamste Maßnahme hinsichtlich der Herabsetzung des hydrodynamischen Reibungswiderstandes ist die Anwendung von Spinnrohren. Das Schema eines derartigen Spinnprozesses zeigt für horizontale Fadenführung Bild 2. Aus der Düse *1* tritt der Faden in das Rohr *2* mit dem Durchmesser r_1. Im Bereich *3* erfaßt der Faden in Form einer die Elementarfäden umgebenden Grenzschicht das Fällbad und bewegt sich in Form eines Zylinders mit dem Radius r_0 durch das Spinnrohr. In den zwischen Faden und Rohr vorhandenem Spalt, dessen Breite $r_1 - r_0$ beträgt, tritt Fällbad ein: erstens infolge des Druckunterschiedes $\Delta p = p_0 - p_1$ und zweitens auf Grund der auf der Oberfläche des Fadens (Zylinders mit dem Radius r_0) mitgeführten Grenzschicht. Die Reibung zwischen dem sich bewegenden Faden und dem ihn umgebenden Fällbad wird minimal,

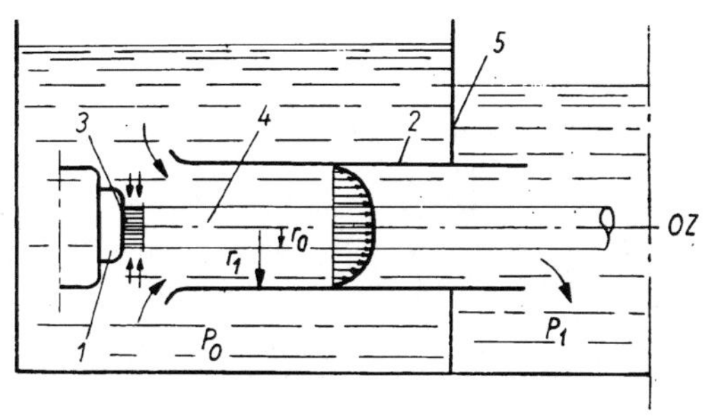

Bild 2. Spinnen unter Anwendung eines Rohres: 1 — Düse, 2 — Spinnrohr, 3 — Zone, in der sich um die Elementarfäden eine Grenzschicht bildet, 4 — spinnender Faden, der Fällbad in Form einer Grenzschicht transportiert, 5 — Absperrung

wenn die Geschwindigkeit von Faden und Fällbad in unmittelbarer Nähe des Fadens gleich werden, d. h., es bildet sich das in Bild 2 eingezeichnete Geschwindigkeitsprofil aus. Somit geht die Bestimmung der optimalen Spinnbedingungen bei Anwendung eines Spinnrohres ihrem Wesen nach auf die Betrachtung der stationären Strömung einer viskosen inkompressiblen Flüssigkeit zwischen zwei koaxialen Zylindern zurück, von denen der äußere mit dem Radius r_1 unbeweglich ist und der innere mit dem Radius r_0 sich mit der konstanten Geschwindigkeit v_0 längs der gemeinsamen Zylinderachse bewegt. Für die Untersuchung der Bewegung wählen wir ein zylindrisches Koordinatensystem, dessen Achse OZ wir in die gemeinsame Achse der Zylinder legen (Bild 2). Vernachlässigt man die Wirkung der Massenkräfte und nimmt eine symmetrische Strömung an, so wird die gestellte Aufgabe auf die Lösung folgender Gleichungen zurückgeführt:

$$v_r = v_\varphi = 0, \quad v_z = v(r, z), \tag{1}$$

$$\frac{\partial p}{\partial z} = \frac{\mu}{\partial r}\frac{\partial}{r}\left(r\frac{\partial v}{\partial r}\right), \tag{2}$$

$$\frac{\partial p}{\partial r} = \frac{\partial p}{\partial \varphi} = 0, \quad \frac{\partial v}{\partial z} = 0, \tag{3}$$

mit den Randbedingungen

$$v = v_0 \quad \text{bei} \quad r = r_0,$$
$$v = 0 \quad \text{bei} \quad r = r_1. \tag{4}$$

Hierbei sind v_r, v_φ und v_z die Geschwindigkeitskomponenten des Fällbades; p ist der Druck und μ die dynamische Viskosität (g/cm·s), die als konstant angesehen wird.

Als Lösung der Gleichungen (1) bis (3) mit den Randbedingungen (4) ergibt sich, wie sich leicht nachweisen läßt,

$$v = 2v_0^* \left[1 - \eta_0 - \left(1 - \eta_0 - \frac{\beta}{2}\right)\frac{\ln \eta}{\ln \eta_0}\right], \tag{5}$$

wobei

$$\eta = \left(\frac{r}{r_1}\right)^2, \quad \eta_0 = \left(\frac{r_0}{r_1}\right)^2, \tag{6}$$

$$\beta = \frac{v_0}{v_0^*}, \quad v_0^* = \frac{\Delta p r_1^2}{8\mu L}. \tag{7}$$

Die Größe v_0^* ist gemäß dem Durchsatz die mittlere Strömungsgeschwindigkeit der Flüssigkeit (des Fällbades) im Rohr mit dem Radius r_1 und dem Druckabfall pro Längeneinheit $\Delta p/L$ [3].

Berechnen wir nunmehr den durch die Reibung auf die Oberfläche des inneren Zylinders ausgeübten Zug. Unter Anwendung von (5) und (6) erhält man

$$\tau_w = \mu \left.\frac{\partial v}{\partial r}\right|_{r=r_0} = \frac{2\mu v_0^*}{r_0}\chi(\beta, \eta_0), \tag{8}$$

wobei die Funktion

$$\chi = \chi(\beta, \eta_0) = \frac{\beta - 2(1 - \eta_0 + \eta_0 \ln \eta_0)}{\ln \eta_0} \tag{9}$$

ist. Die im Bereich der Länge L wirkende Reibungskraft ergibt sich zu:

$$w = 2\pi r_0 L \tau_w = 4\pi\mu L v_0^* \chi(\beta, \eta_0). \tag{10}$$

Der gesamte Fällbaddurchsatz ist gleich

$$Q_{\text{ges.}} = Q_1 + Q_2, \tag{11}$$

wobei Q_1 der Fällbaddurchsatz durch den Ringspalt und Q_2 das pro Zeiteinheit (cm³/s) vom Faden transportierte Fällbad ist.

Für Q_1 erhalten wir im vorliegenden Fall:

$$Q_1 = 2\pi \int_{r_0}^{r_1} v r \, dr = Q_0 \psi(\beta, \eta_0), \tag{12}$$

wobei

$$\psi = \psi(\beta, \eta_0) = \frac{1 - \eta_0}{\beta}\left[1 - \eta_0 - \frac{\beta\eta_0}{1 - \eta_0} - \chi(\beta, \eta_0)\right] \tag{13}$$

und

$$Q_0 = r_1^2 v_0. \tag{14}$$

Die pro Sekunde vom Faden weggeführte Fällbadmenge wird nach der Formel

$$Q_2 = \pi r_0^2 v_2 \tag{15}$$

berechnet, in der v_2 die gemäß dem Durchsatz mittlere Fällbadgeschwindigkeit im Faden bedeutet, die nach den Angaben in der Arbeit [2] gleich $v_2 = 0{,}95\, v_0 \approx v_0$ ist.

Somit erhält man unter Anwendung der Formeln (11) bis (15) für den gesamten Fällbaddurchsatz schließlich die Beziehung

$$Q_{\text{ges.}} = Q_0[\psi(\beta, \eta_0) + \eta_0]. \tag{16}$$

Aus dieser Gleichung geht hervor, daß der Gesamtdurchsatz von den linearen Abmessungen des Spinnrohres und der Düse sowie der Fadenabzugsgeschwindigkeit und dem Druckabfall pro Längeneinheit des Rohres abhängt. Aus den Gleichungen (8) bis (10) folgt, daß es einen Wert für den Parameter β gibt, der dem an der Fadenoberfläche angreifenden Zug Null entspricht, d. h. es wird ein Geschwindigkeitsprofil erzeugt, wie es in Bild 2 dargestellt ist. Einem derartigen kritischen Wert von β entspricht

$$\beta = \beta_{\text{kr}} = 2(1 - \eta_0 + \eta_0 \ln \eta_0). \tag{17}$$

Hieraus ist sofort zu erkennen, daß $\beta_{\text{kr.}}$ nur durch das Verhältnis der Radien r_0 und r_1 bestimmt wird und nicht von den physikalischen Eigenschaften des Fällbades abhängt.

Unter Anwendung von (13), (16) und (17) erhalten wir für die optimalen Arbeitsbedingungen des Spinnrohres, bei denen der Fadenbewegung kein Widerstand entgegengesetzt wird, einen Ausdruck, der die linearen Abmessungen des Spinnrohres und der Düse sowie die Spinngeschwindigkeit und den Fällbaddurchsatz verknüpft:

$$Q_{\text{ges.}} = \pi r_1^2 v_0 \left[\eta_0 + \frac{(1 - \eta_0)(1 - 3\eta_0) - 2\eta_0^2 \ln \eta_0}{2(1 - \eta_0 + \eta_0 \ln \eta_0)}\right]. \tag{18}$$

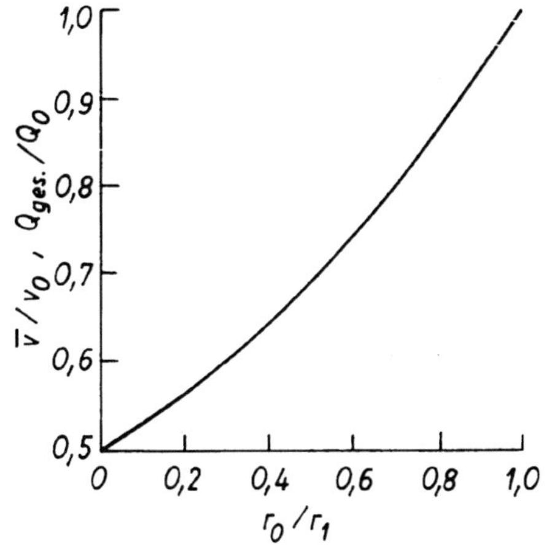

Bild 3. Abhängigkeit der mittleren Fällbadgeschwindigkeit und des Durchsatzes von den linearen Abmessungen des Spinnrohres und der Düse bei optimalen Arbeitsbedingungen für das Spinnrohr

Weiterhin werden wir aus dem Durchsatz pro Sekunde die mittlere Fällbadgeschwindigkeit berechnen:

$$\bar{v} = Q_{ges}/\pi r_1^2. \tag{19}$$

Substituiert man $Q_{ges.}$ gemäß Formel (18), so ergibt sich

$$\bar{v} = v_0 \left[\eta_0 + \frac{(1-\eta_0)(1-3\eta_0) - 2\eta_0^2 \ln \eta_0}{2(1-\eta_0+\eta_0 \ln \eta_0)}\right]. \tag{20}$$

Aus Formel (19) und (20) folgt, daß

$$\frac{\bar{v}}{v_0} = \frac{Q_{ges.}}{\pi r_1^2 v_0} = \eta_0 + \frac{(1-\eta_0)(1-3\eta_0) - 2\eta_0^2 \ln \eta_0}{2(1-\eta_0+\eta_0 \ln \eta_0)}. \tag{21}$$

Hieraus geht hervor, daß bei den optimalen Arbeitsbedingungen des Spinnrohres die Verhältnisse $\bar{v}/v_0$ und $Q_{ges}/\pi r_1^2 v_0$ nicht von den physikalischen Eigenschaften des Fällbades abhängen und nur durch das Verhältnis der Radien oder, was dasselbe ist, des Faden- und Rohrdurchmessers bestimmt werden. In der Praxis verwendet man zweckmäßigerweise die in Bild 3 wiedergegebene graphische Darstellung der Beziehung (21).

Abschließend soll an einem Beispiel die praktische Anwendung der erhaltenen Lösung demonstriert werden.

Das Erspinnen von Viskosecord wird mit Spinnrohren, deren Durchmesser $r_1 = 0{,}65$ cm beträgt, und Düsen, deren äußerster Lochkreis einen Radius $r_0 = 0{,}5$ cm hat, durchgeführt. Da in diesem Falle $r_0/r_1 = 0{,}77$ ist, finden wir anhand der graphischen Darstellung $\bar{v}/v_0 = 0{,}85$. Somit ist im betrachteten Fall zur Realisierung optimaler Arbeitsbedingungen des Spinnrohres, bei denen der Faden nicht der Wirkung eines hydrodynamischen Widerstandes unterliegen würde, erforderlich, daß die mittlere Fällbadgeschwindigkeit im Rohr 85% der Abzugsgeschwindigkeit beträgt. So ist es zum Beispiel für eine Abzugsgeschwindigkeit $v_0 = 33{,}3$ cm/s notwendig, daß $\bar{v} = 28{,}3$ cm/s ist, was mit der praktischen Erfahrung gut übereinstimmt [2, 4].

Literatur

[1] *Perepelkin, K. E.:* Einige Gesetzmäßigkeiten der Mechanik (Hydrodynamik) des Fadenbildungsprozesses. Chim. Volokna (Chem. Fasern) (1964) 3, S. 1–6; dt. in Sowj. Beitr. Faserforsch. Textiltechnik **1** (1964) 3, S. 115 bis 122.

[2] *Serkov, A. T.*, und *Rjabuškin, A. V.:* Die Bildung einer Grenzschicht beim Erspinnen von Viskosefäden. Chim. Volokna (Chem. Fasern) (1969) 6, S. 33–35.

[3] *Slezkin, N. A.:* Dynamik der viskosen inkompressiblen Flüssigkeit. Moskva: Gostechizdat 1955.

[4] *Ručko, N. A.:* Über das Verhältnis der Geschwindigkeiten von Fällbad und Faden in vertikal angeordneten Spinnrohren von Kontinue-Maschinen. Chim. Volokna (Chem. Fasern) (1969) 5, S. 24–25.

Eingegangen am 20. März 1970

Dickstellen in gereckter Polyamidseide und ihre Entstehungsursachen

Teil 5. Versuche unter Produktionsbedingungen[1])

Heinz Dittmann, Horst Henkel, Siegfried Kaufmann, Otto Lochmüller
VEB Chemiefaserkombinat Schwarza „Wilhelm Pieck", 682 Rudolstadt, und
Harald Richter
VEB Chemiefaserkombinat Schwarza „Wilhelm Pieck", Chemiefaserwerk Wilhelm-Pieck-Stadt Guben

DK 677.494.675:677.494.061.38:677.494.021.97:677.494.051.71[532.72.01:546.212]:628.853:338

Im Anschluß an die früheren Untersuchungen werden experimentelle Nachweise für die Feuchteverteilung in der Spinnspule geführt und die Auswirkungen dieser Feuchteverteilung auf die Entstehung von T-Masern und Feinheitsschwankungen durch Versuche unter Produktionsbedingungen belegt. Anschließend werden Schlußfolgerungen für die günstigsten Produktionsbedingungen gezogen.

Утолщения в вытянутых полиамидных нитях и причины их возникновения
Часть 5-ая: Исследования в производственных условиях

В продолжение предыдущих исследований в производственных условиях экспериментально изучено распределение влажности в паковке и его влияние на возникновение наплывов и отклонения толщины нити. Исходя из полученных результатов приведены рекомендации для оптимального режима производства.

Thickenings of Drawn Polyamide Filament Yarns and their Causes
Part 5. Experiments on Industrial Scale

Continuing the previous investigations, the distribution of water in spinning bobbins has been investigated and its effect on the formation of thickenings and variations in diameter has been shown by experiments on industrial scale. Conclusions to optimum conditions are drawn.

1. Einleitung

In Teil 1 [1] dieser Arbeit wurde über das Erscheinungsbild von Dickstellen in gereckter Polyamidseide, sogenannten *T*-Masern, berichtet und die Theorie ihrer Entstehungsmöglichkeiten behandelt. Die Teile 2 [2] und 3 [3] befaßten sich mit Modellversuchen zum Entstehungsmechanismus von *T*-Masern. Aus diesen Untersuchungen ergab sich, daß *T*-Masern durch genügend scharfe Änderungen des Verformungswiderstandes längs des ungereckten Fadens entstehen und daß insbesondere die Wasseraustauschvorgänge an den Spinnspulen beim Aufwickeln an der Spinnmaschine, bei der Lagerung und beim Abwickeln an der Reckmaschine derartige Schwankungen im Verformungswiderstand erzeugen können. Deshalb wurde in Teil 4 [4] der Wasserhaushalt der Spinnspule theoretisch analysiert und experimentell untersucht.

Es ist Aufgabe der vorliegenden Arbeit, den experimentellen Nachweis der Feuchteverteilung in der Spinnspule zu führen und die Auswirkungen dieser Feuchteverteilung auf die Entstehung von *T*-Masern und Feinheitsschwankungen durch Versuche unter Produktionsbedingungen zu belegen.

2. Experimenteller Nachweis der Feuchteverteilung in der Spinnspule

In Teil 4 [4] wurde die zeitliche Masseänderung von Spinnspulen als Folge des Wasseraustausches mit dem Raumklima bestimmt und daraus der Diffusionskoeffizient der Spinnspulen berechnet. Damit konnte *theoretisch* die zu erwartende Konzentrationsverteilung des Wassers in den Fadenlagen der Spulen in Abhängigkeit von der Zeitdauer des Diffusionsvorganges angegeben werden. Eine direkte *experimentelle* Ermittlung der Feuchteverteilung an der kompakten Spinnspule ist schwierig und war mit den zur Verfügung stehenden Meßmethoden nicht möglich. Es wurde daher versucht, durch stufenweises Abziehen der Fadenlagen (5 bis 8 Stufen) einen Einblick in die Feuchteverteilung zu gewinnen. Dabei wurde darauf geachtet, daß die Untersuchungen so rasch wie möglich abliefen, damit die Feuchteverteilung während der Messung möglichst wenig verfälscht wurde. Zur Untersuchung der Auswirkung der Feuchteverteilung auf die *T*-Masern-Entstehung genügt es nicht, einen Mittelwert der Feuchte der einzelnen Fadenlagen zu bestimmen, sondern es ist notwendig, die Feuchteverteilung *längs* des Fadens in den Fadenlagen kennenzulernen. Wie in den vorangegangenen Teilen dieser Arbeit [1 bis 4] dargelegt wurde, ist ein Feuchteunterschied zwischen den Fadenelementen in der Stirnfläche der Spule und im Spuleninnern zu erwarten, wenn vorher ein Wasseraustauschprozeß zwischen Spinnspule und Umgebung stattgefunden hat.

Diese Feuchteverteilung längs des Fadens muß sich in der Einfachperiode des Changierhubes ausdrücken. Wegen der hohen Dielektrizitätskonstanten des Wassers ist zu erwarten, daß sie sich durch eine kapazitive Abtastung des Fadens gut erfassen läßt.

Um die prinzipielle Brauchbarkeit der kapazitiven Abtastung des Fadens zur Bestimmung der Feuchteverteilung längs des Fadens nachzuweisen, wurde eine Spinnspule an einem Teil des oberen Randes künstlich befeuchtet und eine weitere an den Außenlagen ausgetrocknet. Danach wurde der Faden von der Spinnspule abgezogen und durch den Meßkondensator eines kapazitiven Gleichmäßigkeitsprüfgerätes geführt. Bild 1 zeigt die Diagramme der teilweise befeuchteten (a) und der teilweise ausgetrockneten (b) Spinnspule. Die befeuchteten Stellen sind als deutliche Spitzen nach oben, die ausgetrockneten Stellen als deutliche Spitzen nach unten markiert. Ihr Abstand entspricht bei der teilweisen Befeuchtung des Randes der Doppelhubperiode

[1]) Teil 4 s. [4]

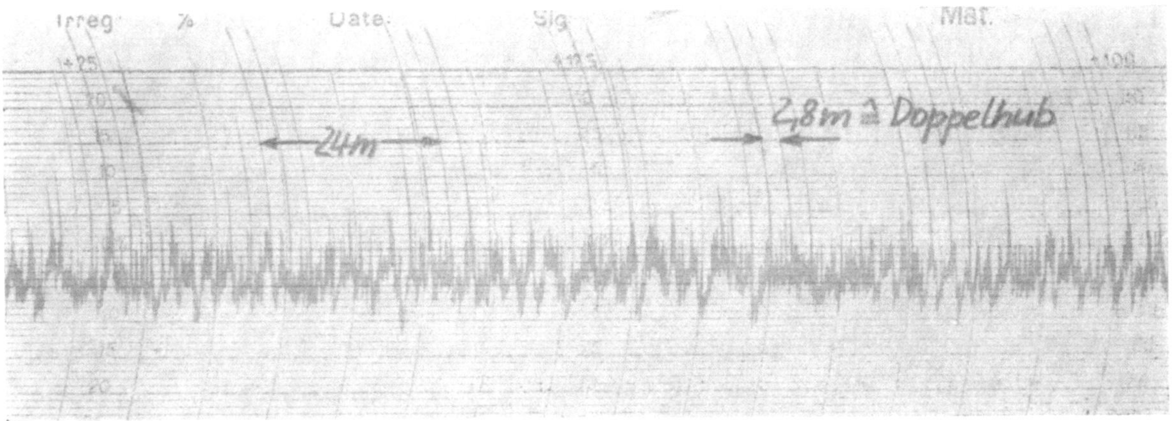

a) Stirnfläche teilweise befeuchtet; Meßbereich: 50%; Fadengeschw.: 25 m/min; Papiergeschw.: 2,5 cm/min

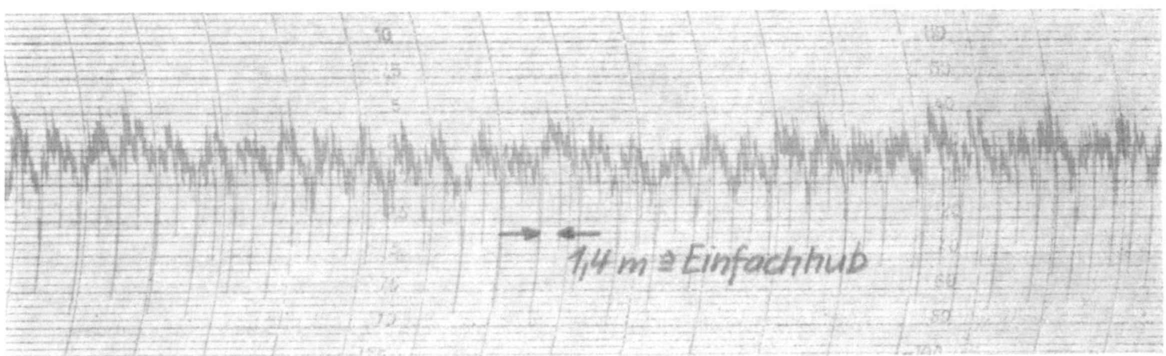

b) Stirnfläche ausgetrocknet; Meßbereich: 50%; Fadengeschw.: 50 m/min; Papiergeschw.: 10 cm/min

Bild 1. Anzeige der Feuchteverteilung längs des Fadens mit dem kapazitiven Gleichmäßigkeitsprüfgerät. Spinnseide Nm 80 (1)

von 2,8 m mit einer Überperiode von 24 m, bei der Austrocknung der Einfachhubperiode von 1,4 m, wobei die Austrocknung des einen Randes stärker war als die des anderen. Die Überperiode von 24 m kommt dadurch zustande, daß der Umkehrpunkt des Fadens längs des Spulenrandes wandert und dabei aus dem befeuchteten Randteil herausläuft.

Um einen Aufschluß über die Feuchteverteilung in der Spinnspule unmittelbar nach der Abnahme von der Spinnmaschine zu erhalten, wurden in einem orientierenden Versuch Fadenstücke aus der oberen Wickelschicht und aus einer Wickelschicht des Spuleninneren sofort nach Abziehen der darüberliegenden Fadenlagen mit dem kapazitiven Gleichmäßigkeitsprüfgerät untersucht. Die Diagramme (Bilder 2a und 2b) zeigen, daß auch unter praktischen Bedingungen Schwankungen in positiver Richtung auftreten, die für die innere Wickelschicht (Bild 2b) größer sind. Es ist eine deutliche Periode vorhanden, die dem Einfachhub (1,4 m Fadenlänge) entspricht. Die Vermutung, daß es sich um Feuchteschwankungen längs des Fadens handelt, wird durch Bild 2c bestätigt. Der Angleich der Wickelschicht, die das Bild 2b lieferte, über Nacht an das Spinnereiklima führte zum Verschwinden der Spitzen. Diese Erscheinung bestätigt im Prinzip die im Teil 4 [4] dieser Arbeit dargelegte Vorstellung über die Austauschvorgänge beim Aufspulprozeß.

Die untersuchte Spinnspule war unterdosiert, und die Fadenelemente in der Stirnfläche konnten sich während des Spulenlaufes an das Spinnereiklima angleichen, während die in der Mantelfläche liegenden Fadenteile durch Überwicklung relativ rasch dem Einfluß des Spinnereiklimas entzogen wurden.

Um die Feuchteverteilung genauer zu untersuchen, wurde eine weitere Spinnspule in mehreren Stufen abgezogen, und die Fäden jeder Stufe wurden geprüft. Bild 3 zeigt das Ergebnis. Bei voller Bewicklungsdicke (Bild 3a) sind keine Feuchteschwankungen längs des Fadens nachweisbar, wie theoretisch zu erwarten war. Bei 92% Bewicklungsdicke wurden bereits deutliche Feuchteschwankungen festgestellt (Bild 3b), die sich bei den weiteren Stufen nicht wesentlich änderten (z. B. Bild 3c). Dieser Verlauf entspricht der in Bild 4 des Teiles 4 [4] schematisch gezeichneten Konzentrationsverteilung. Zum Nachweis, daß diese Feuchteschwankungen längs des Fadens zu T-Masern führen, wurde das Fadenmaterial mit der in Bild 3c gezeigten Feuchteverteilung unter normalen Produktionsbedingungen gereckt. Die Uster-Prüfung der gereckten Seide zeigt T-Masern in einem der Einfach- und Doppelhubperiode entsprechenden Abstand.

Weitere Versuche dienten der Untersuchung des Lagerzeiteinflusses in der Spinnerei auf die Feuchteverteilung. Hierzu wurden Spinnspulen 33, 54, 72 und

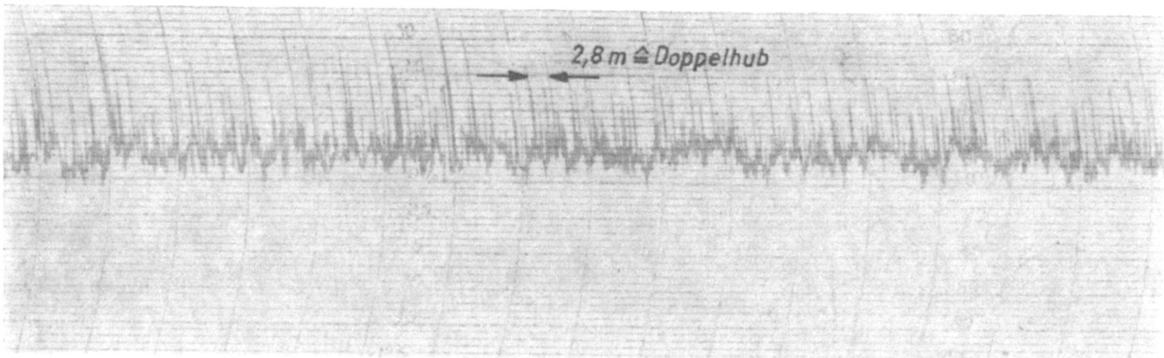

a) volle Spule; Meßbereich: 50%; Fadengeschw.: 100 m/min; Papiergeschw.: 10 cm/min

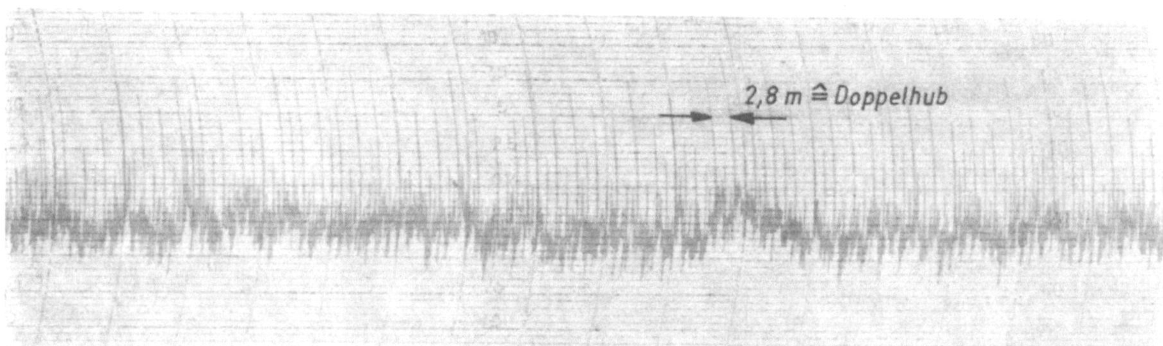

b) größere Menge abgezogen; Meßbereich: 50%; Fadengeschw.: 100 m/min; Papiergeschw.: 10 cm/min

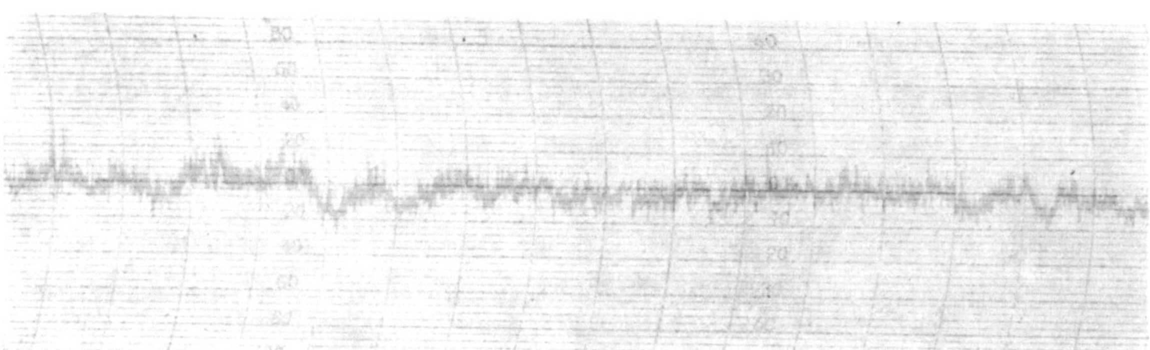

c) wie b), nach Angleich über Nacht geprüft; Meßbereich: 50%; Fadengeschw.: 25 m/min; Papiergeschw.: 10 cm/min

Bild 2. Feuchteverteilung längs des Fadens bei einer Spinnspule unmittelbar nach der Abnahme. Spinnseide Nm 80 (1)

116 h im Spinnereiklima gelagert und danach stufenweise abgezogen.

Diese Spinnspulen waren etwa gleich dosiert (siehe Tabelle 1). Die Bewicklungsdicke, von der ab deutliche Feuchteunterschiede längs des Fadens mit dem kapazitiven Gleichmäßigkeitsprüfgerät nachweisbar waren, nimmt mit zunehmender Lagerzeit ab, wie aus Tabelle 1 zu ersehen ist. Trägt man die der so definierten Nachweisgrenze entsprechenden Bewicklungsdicken im Diagramm der theoretischen Konzentrationsverteilung (siehe Bilder 6, 7 und 8 des Teiles 4 [4]) in die zugehörigen Lagerzeitkurven ein, so müssen diese Punkte auf einer Geraden gleicher Konzentration liegen, wenn die Gesetzmäßigkeiten einer Diffusion mit konstantem Diffusionskoeffizienten erfüllt sind. In Bild 4 ist diese Auswertung für

Tabelle 1. Einfluß der Lagerzeit in der Spinnerei auf die Feuchteverteilung in den Spinnspulen

Spinnspule	$\left[\frac{\Delta Q_t}{m_w}\right]_{24\,h}$ %	Lagerzeit h	Bewicklungsdicke in %, bei der erstmals Feuchteunterschiede nachweisbar waren: zwischen den Stufen	Mittel
1	+0,59	33	76···86	81
2	+0,48	54	58···74	66
3	+0,46	72	38···58	48
4	+0,45	116	< 15	7,5

$\left[\frac{\Delta Q_t}{m_w}\right]_{24\,h}$ = in 24 h mit dem Umgebungsklima ausgetauschte prozentuale Wassermenge

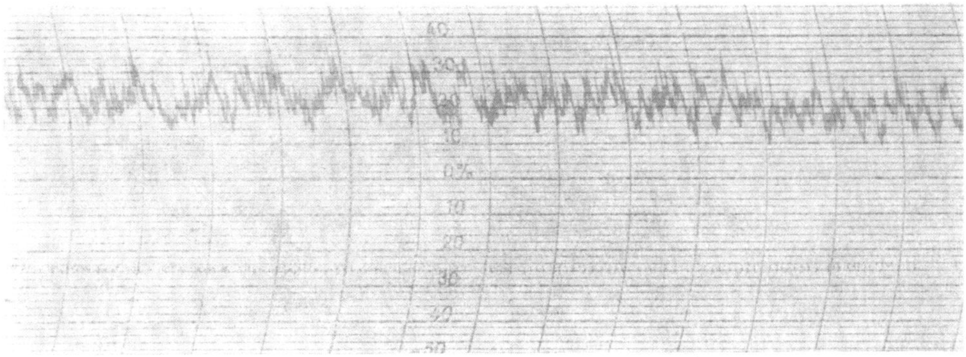

a) volle Bewicklungsdicke; Meßbereich: 50%; Fadengeschw.: 100 m/min; Papiergeschw.: 10 cm/min

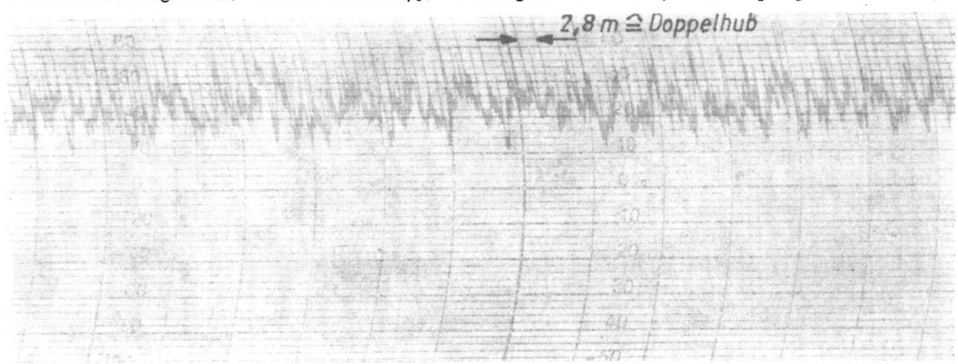

b) 92% Bewicklungsdicke; Einstellung wie a)

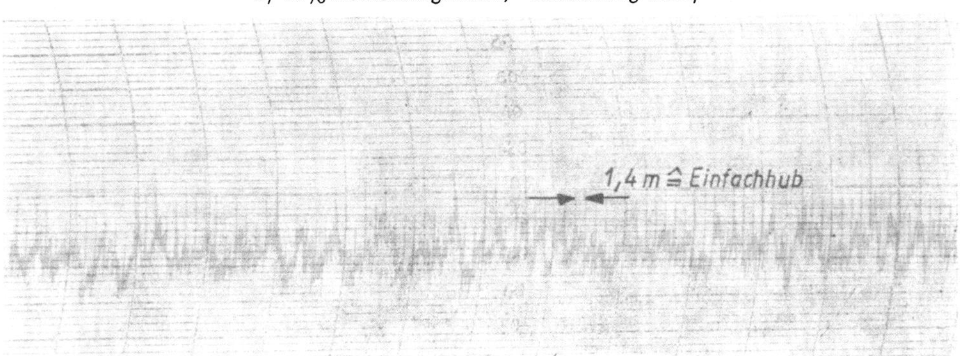

c) 37% Bewicklungsdicke; Einstellung wie a)

Bild 3. Feuchteverteilung längs des Fadens bei einer Spinnspule unmittelbar nach der Abnahme. Spinnseide Nm 80 (1)

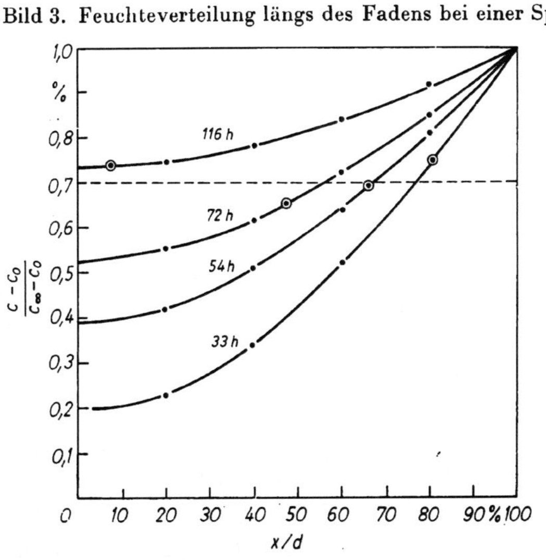

Bild 4. Bestimmung der Nachweisgrenze der Feuchteunterschiede längs des Fadens für das kapazitive Gleichmäßigkeitsprüfgerät. Spinnseide Nm 80 (1)
Diffusionskoeffizient der Spinnspule D = $5 \cdot 10^{-6}$ cm²/s
Bewicklungsdicke der vollen Spinnspule d = 1,8 cm

den vorliegenden Versuch durchgeführt. Berücksichtigt man, daß eine Reihe von Ungenauigkeiten bei diesen Messungen nicht vermeidbar war und nur eine geringe Zahl von Stufen pro Spinnspule geprüft wurde, so ist die theoretische Voraussage hinreichend erfüllt. Die Nachweisgrenze der Feuchteunterschiede längs des Fadens lag bei unserer Meßanordnung bei etwa 30% des Maximalunterschiedes zwischen Anfangs- und Endzustand.

3. *Auswirkungen der Konzentrationsverteilung in der Spinnspule auf die Entstehung von T-Masern und Feinheitsschwankungen*

Die Wirkung der als Folge der Lagerung im Spinnereiklima entstandenen Konzentrationsverteilung in der Spinnspule (siehe Abschnitt 2) konnten wir direkt nicht nachweisen, da eine Reckung im Spinnereiklima nicht möglich war. Deshalb mußten wir die Konzentrationsverteilung in der Spinnspule als Folge verschiedener Lagerzeiten im Reckereiklima nochmals ermitteln und dies mit Reckversuchen verbinden. Fünf Spinnspulen, die sich mehr als 96 h dem Spinnereiklima angeglichen hatten, wurden anschließend 6, 12, 24, 41 und 96 h dem Reckereiklima ausgesetzt. Durch stufenweises Abziehen wurden die Feuchteschwankungen längs des ungereckten Fadens mit dem kapazitiven Gleichmäßigkeitsprüfgerät verfolgt, und dann wurde in jeder Stufe eine Länge von einigen Kilometern mit den Reckgraden $r = 3{,}41$ und $r = 3{,}61$ gereckt (Reckgeschwindigkeit 675 m/min). Die gereckte Seide wurde ebenfalls mit dem kapazitiven Gleichmäßigkeitsprüfgerät untersucht. Aus den Diagrammen der ungereckten Seide wurde die mittlere Höhe der durch die Feuchteschwankungen bedingten Ausschläge prozentual ermittelt. Die Intensität der *T*-Masern wurde aus den Masseschwankungs-Diagrammen der gereckten Seide mit Hilfe eines Benotungsmaßstabes mit den Stufen 0 bis 5 entnommen.

Bild 5 zeigt den Verlauf der Feuchteschwankungen längs des Fadens und der *T*-Masernintensität über der prozentualen Bewicklungsdicke für die oben genannten fünf Spinnspulen. Analog zu den Verhältnissen im Spinnereiklima sind die Feuchteschwankungen längs des Fadens bei um so kleineren Bewicklungsdicken anzutreffen, je größer die Lagerzeit war. Für eine Feuchteschwankung, die vom kapazitiven Gleichmäßigkeitsprüfgerät mit 5% Ausschlag angezeigt wird und durch die die ersten deutlichen *T*-Masern hervorgerufen wurden, zeigt Bild 6 den Zusammenhang zwischen der Bewicklungsdicke, bei der diese Schwankung auftritt, und der Wurzel aus der Lagerzeit. Die Punkte liegen genähert auf einer Mittelpunktgeraden, so daß die Gültigkeit des Diffusionsgesetzes für das Eindringen der Feuchte in die Spinnspule auch hier bestätigt wird. Die maximale Höhe der Feuchteschwankungen nimmt mit zunehmender Lagerzeit ab, und zwar entsprechend der Wasseraufnahme des Spuleninneren (vgl. Bilder 6, 7, 8 in Teil 4 [4]).

Bei den Lagerzeiten von 6, 12 und 24 h (Bild 5) nimmt die Intensität der *T*-Masern bei einer Reckung von 1:3,41 symbat mit den Feuchteschwankungen längs des Fadens zu[2]).

Nach Lagerzeiten über 41 h treten bereits bei noch großer Bewicklungsdicke *T*-Masern auf, die durch den Verlauf der Feuchteschwankungen nicht zu erklären sind. Für die kleinen Bewicklungsdicken verläuft die *T*-Masernintensität wieder symbat mit den Feuchteschwankungen. Wir nehmen an, daß die bei großer Bewicklungsdicke auftretenden *T*-Masern eine Folge irreversibler Strukturänderungen sind. Wie in Teil 3 [3] gezeigt wurde, verändert sich die Härte der ungereck-

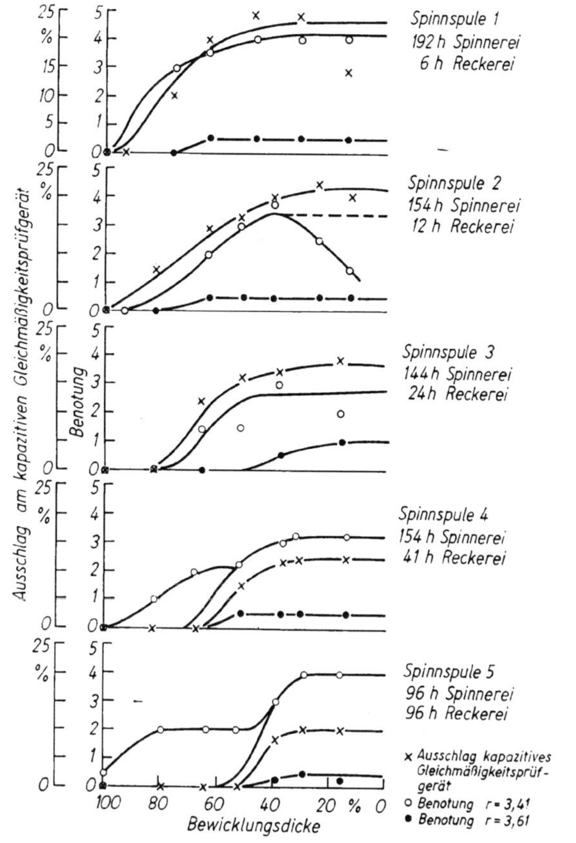

Bild 5. Verlauf der Feuchteschwankungen längs des Fadens und der *T*-Masernintensität über der prozentualen Bewicklungsdicke in Abhängigkeit von der Lagerzeit. Spinnseide Nm 80 (1)

ten Seide mit zunehmender Lagerzeit um so stärker, je höher die Feuchte im Faden ist. Demzufolge ergeben sich selbst nach Feuchteangleich Härteunterschiede

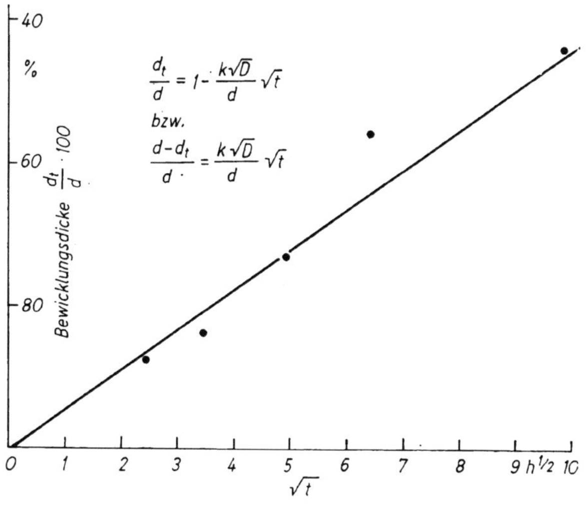

Bild 6. Bewicklungsdicken einer mit konstanten Feuchteschwankung längs des Fadens (Ausschlag von 5% am kapazitiven Gleichmäßigkeitsprüfgerät) in Abhängigkeit von der Lagerzeit
Spinnseide Nm 80 (1). Spinnspulen 1 bis 5 des Bildes 5

[2]) Der Abfall der T-Masernintensität im letzten Drittel der Bewicklung der 12 h gelagerten Spinnspule konnte nicht erklärt werden.

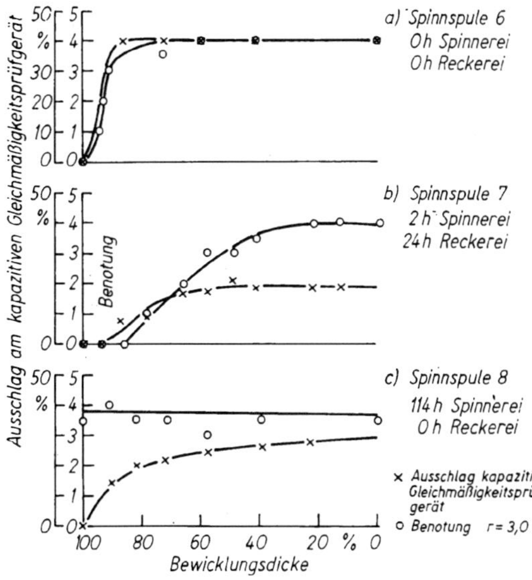

Bild 7. Verlauf der Feuchteschwankungen längs des Fadens und der T-Masernintensität über der prozentualen Bewicklungsdicke. Spinnseide Nm 60 (1)

längs des Fadens, weil die Fadenelemente in den Stirnflächen der Spinnspule viel eher die dem Reckereiklima entsprechende Gleichgewichtsfeuchte erreicht haben als die im Innern der Spule liegenden Fadenelemente. Wird die Spinnseide statt mit $r = 3{,}41$ mit $r = 3{,}61$ gereckt, so geht die T-Masernintensität sehr stark zurück.

In den meisten Fällen treten keine visuell sichtbaren Masern auf, sondern nur noch periodische Masseschwankungen, die sich auf längere Fadenstücke erstrecken (etwa 2 cm). Ein symbater Gang dieser Masseschwankungen mit den Feuchteschwankungen längs des Fadens ist zu erkennen.

Eine Reihe von Spinnspulen wurde nicht stufenweise abgezogen, sondern kontinuierlich mit $r = 3{,}0$ gereckt. Im Gegensatz zu den Abziehversuchen findet während des Ablaufes ein Wasseraustausch statt, wie er in Teil 4 [4] diskutiert wurde. Bild 7 zeigt wieder den Verlauf der Feuchteschwankungen längs des Fadens und der T-Masern-Intensität über der prozentualen Bewicklungsdicke für drei Spinnspulen.

Spule 6 wurde sofort nach der Abnahme von der Spinnmaschine gereckt. Durch den Wasseraustausch mit dem Reckereiklima entstanden bereits nach kurzer Laufzeit hohe Feuchteschwankungen längs des Fadens. Die T-Masern-Intensität zeigt einen symbaten Verlauf. Die Spule 7 wurde 2 h nach der Abnahme von der Spinnmaschine ins Reckereiklima gebracht und 24 h vor dem Recken gelagert. Bild 7b läßt erkennen, daß die Lagerzeit von 24 h einen deutlichen Abbau der Feuchteschwankungen bewirkt hat. Dem entspricht auch der Verlauf der T-Masern-Intensität. Spule 8 wurde 114 h im Spinnereiklima gelagert und anschließend sofort gereckt. Während die Feuchtedifferenzen wie bei Spule 6 rasch zunahmen, sind bereits von Anfang an starke T-Masern vorhanden. Wir führen dies auf die Wirkung irreversibler Strukturänderungen zurück, die während der langen Lagerung in der Spinnerei entstanden sind.

Für eine quantitative Abschätzung der beim Abspulprozeß an der Reckmaschine stattfindenden Sorptionsvorgänge wurden die Gleichungen (17) bis (22) aus Teil 4 [4] herangezogen. Die zahlenmäßigen Betrachtungen beziehen sich auf Fäden der Spinnfeinheit Nm 80(1). Die hier interessierende Zeit zwischen der Ankunft der einer bestimmten Konzentration entsprechenden Diffusionsfront am Fadenelement und dem Abwickeln des Fadenelementes beträgt

$$t_{\text{stationär}} = \frac{2k^2 D^2 \pi^2 \text{Nm}^2 h^2 \varrho_s^2 R_0^2}{v^2}; \quad \text{(Gl. 22, Teil 4)}$$

k = Konstante,
D = Diffusionskoeffizient,
Nm = metrische Nummer,
h = Länge der Spinnspule,
ϱ_s = Dichte des Mischkörpers Spinnspule,
R_0 = Radius der vollen Spinnspule,
v = Abzugsgeschwindigkeit des Fadens.

Für die Größe $k\sqrt{D}$ wurde die Steigung der Geraden des Bildes 6 zugrunde gelegt, die das Fortschreiten einer Konzentrationsfront beschreibt, die vom kapazitiven Gleichmäßigkeitsprüfgerät durch 5% Ausschlag angezeigt wird und durch die die ersten deutlichen T-Masern hervorgerufen werden:

$$k\sqrt{D} = 0{,}0072\, d\ [\text{min}^{1/2}];$$

d = Bewicklungsdicke der vollen Spinnspule,
d_t = Bewicklungsdicke der Spinnspule zur Zeit t.

Die zeitliche Änderung der Dicke der abgewickelten Schicht

$$\frac{dz}{dt} = \frac{d(d - d_t)}{dt} = \frac{v}{2\pi\ \text{Nm}\ h\, \varrho_s R_0} \quad \text{(Gl. 18, Teil 4)}$$

ergibt sich mit der Bewicklungsdicke d der vollen Spinnspule und der gesamten Spulenlaufzeit t_{gesamt} zu

$$\frac{dz}{dt} = \frac{d}{t_{\text{ges}}} = \frac{d}{385}\ \text{min}^{-1}.$$

Damit wird

$$t_{\text{stationär}} = \frac{k^2 D}{2\left(\frac{dz}{dt}\right)^2} = 3{,}8\ \text{min}.$$

Dieses Ergebnis ist wie folgt zu interpretieren:

Für die Wanderung der Konzentrationsfront wurde das Modell des homogenen Mischkörpers zugrunde gelegt. Es setzt voraus, daß mit der Wanderung der betrachteten Konzentrationsfront sofort der Angleich an diese Konzentration erfolgt. Die Zeit $t_{\text{stationär}}$ bietet also nach diesem Modell dem Fadenelement eine zusätzliche Sicherheit, um sich voll anzugleichen. Ist die Zeit $t_{\text{stationär}}$ genügend groß, so kommt dadurch das Fadenelement aus dem kritischen Bereich der Feuchteschwankungen heraus, in dem T-Masern entstehen können. Für den Fall der exakten Gültigkeit des homogenen Mischkörpermodells reicht die Zeit $t_{\text{stationär}}$ immer dazu aus, weil ja nach Voraussetzung stets ein momentaner Angleich des Fadenelementes an seine Randbedingungen gegeben ist. Der oben berechnete Wert von $t_{\text{stationär}} = 3{,}8$ min ergibt einen stationären Abstand $(z_D)_{\text{stationär}}$ zwischen Konzentrationsfront und Spulenoberfläche von

$$(z_D)_{\text{stationär}} = \frac{dz}{dt} \cdot t_{\text{stationär}} = 0{,}18 \text{ mm}\,,$$

das entspricht einer Dicke von etwa zwei Fadenlagen. Für diesen kleinen Abstand von der Spulenoberfläche ist das Modell des homogenen Mischkörpers jedoch sicher nicht mehr zutreffend. Ein Ausweg aus dieser Schwierigkeit besteht darin, daß man in erster Näherung die Vorgänge im Bereich zwischen Spulenoberfläche und der Bewicklungsdicke $d - (z_D)_{\text{stationär}}$ unter Berücksichtigung des inhomogenen Aufbaus der Spinnspule betrachtet. In diesem Fall muß $t_{\text{stationär}}$ in der Größenordnung der Halbwertszeit des Angleiches für den Einzelfaden liegen, wenn erreicht werden soll, daß die Feuchteschwankungen unter den für die T-Masernbildung kritischen Wert sinken. Dazu sind nach unseren Messungen für Spinnfäden der Feinheit Nm 80(1) etwa 10 min erforderlich. Dieser Näherungswert für $t_{\text{stationär}}$ ist aber noch zu klein, weil der Bereich, in dem der inhomogene Aufbau der Spinnspule zu berücksichtigen ist, größer als $(z_D)_{\text{stationär}} = 0{,}18$ mm ist. Dies folgt nämlich aus der Überlegung, daß die oben berechnete Zeit von $t_{\text{stationär}} \approx 4$ min *wesentlich* kleiner als die Halbwertszeit für den Angleich des Fadens ist. Die Fadenelemente im Abstand $(z_D)_{\text{stationär}} = 0{,}18$ mm von der Spulenoberfläche haben deshalb mit Sicherheit noch nicht die Konzentration der betrachteten Front erreicht, bevor sie abgewickelt werden.

Ein Angleich des Fadens unter eine für die T-Masernbildung ungefährliche Feuchteschwankung würde erfordern, daß die Reckgeschwindigkeit vom Wert v auf den Wert v' erniedrigt wird:

$$\frac{v'}{v} = \frac{\sqrt{t_{\text{stationär}}}}{\sqrt{t_{0.5\,\text{Faden}}}} = \frac{\sqrt{4 \text{ min}}}{\sqrt{10 \text{ min}}} = 0{,}62;$$

$t_{0.5\,\text{Faden}}$ = Halbwertszeit des Angleichs für den Einzelfaden. Versuche mit einer Reckgeschwindigkeit von 350 m/min entsprechend

$$\frac{v'}{v} = \frac{350 \text{ m/min}}{675 \text{ m/min}} = 0{,}52$$

ergaben immer noch T-Masern. Dies zeigt, daß mehr als 10 min erforderlich sind, um die Feuchteschwankungen unter den kritischen Wert zu senken. Unsere, wie oben dargelegt, sehr grobe Abschätzung liefert eine obere Grenze für die anzuwendende Reckgeschwindigkeit, die tatsächlich noch erheblich unterschritten werden muß, wenn der Angleich des Fadens während des Ablaufes der Spinnspule erfolgen soll. Da diese Grenze bereits beträchtlich unter der betrieblich üblichen Reckgeschwindigkeit liegt, kommt dieser Weg zur Erreichung des Angleiches praktisch nicht in Frage.

4. Schlußfolgerungen

4.1. Grunderkenntnisse

Die in den Teilen 1 bis 5 dieser Arbeit dargestellten Untersuchungsergebnisse haben eindeutig gezeigt, daß Unterschiede in der Wasserkonzentration in der Spinnspule die Ursache von T-Masern und Masseschwankungen sind. Es hat sich ergeben, daß die zu solchen Konzentrationsunterschieden führenden Wasseraustauschvorgänge mit den Gesetzmäßigkeiten der Diffusionstheorie behandelt werden können, wobei für die Spinnspule in guter Näherung die Beziehungen für die Platte mit konstantem Diffusionskoeffizienten angesetzt werden können.

Unterschiede in der Wasserkonzentration erzeugen

a) direkt eine ungleichmäßige Erweichung des Materials,
b) durch irreversible Strukturänderungen eine ungleichmäßige Härtung des Materials, die auch nach dem Konzentrationsausgleich bestehen bleibt.

Die ungleichmäßige Erweichung bzw. Härtung führt zu Unterschieden im Deformationswiderstand längs des Fadens, die beim Recken T-Masern und Masseschwankungen verursachen.

Der Produktionsprozeß ist so zu führen, daß möglichst geringe Konzentrationsunterschiede entstehen.

4.2. Grundvoraussetzungen

Grundvoraussetzungen für eine Technologie, die Konzentrationsunterschiede in den Spinnspulen weitgehend vermeidet, sind

a) zeitlich und von Spinnstelle zu Spinnstelle gleichmäßige Wasserdosierung,
b) örtlich und zeitlich konstantes Raumklima.

4.3. Quellen der Konzentrationsunterschiede

Auch wenn die im Abschnitt 4.2 genannten Grundvoraussetzungen erfüllt sind, können Konzentrationsunterschiede entstehen:

a) während des Laufes der Spinnspule und ihrer Lagerung im Spinnereiklima, wenn die Dosierung nicht der Gleichgewichtsfeuchte des Spinnereiklimas entspricht,
b) während der Lagerung und des Ablaufes der Spinnspule in der Reckerei, wenn die Ausgangsfeuchte der Seide nicht dem Gleichgewichtswert des Reckereiklimas entspricht.

4.4. Einfluß der Dosierung und der Klimaführung auf die Entstehung von Konzentrationsunterschieden

In Bild 8 sind für die praktisch wichtigsten Fälle der Dosierungshöhe im Verhältnis zum Spinnerei- und Reckereiklima die Richtung und das Ausmaß der Wasseraustauschvorgänge und die sich daraus ergebenden Konzentrationsverteilungen für verschiedene Lagerzeiten in Spinnerei und Reckerei schematisch dargestellt.

Es werden zwei Gruppen unterschieden:

In Gruppe I sind die Vorgänge behandelt, die ablaufen, wenn *Spinnerei- und Reckereiklima gleich eingestellt sind* ($Q_{Sp} = Q_R$). Die Dosierung Q_D kann größer (Fall I, 1), gleich (Fall I, 2) oder kleiner (Fall I, 3) als die dem Raumklima entsprechende Gleichgewichtsfeuchte sein.

Gruppe II umfaßt die Vorgänge, die sich abspielen, wenn das *Spinnereiklima eine niedrigere Luftfeuchte aufweist als das Reckereiklima* ($Q_{Sp} < Q_R$). Für die Dosie-

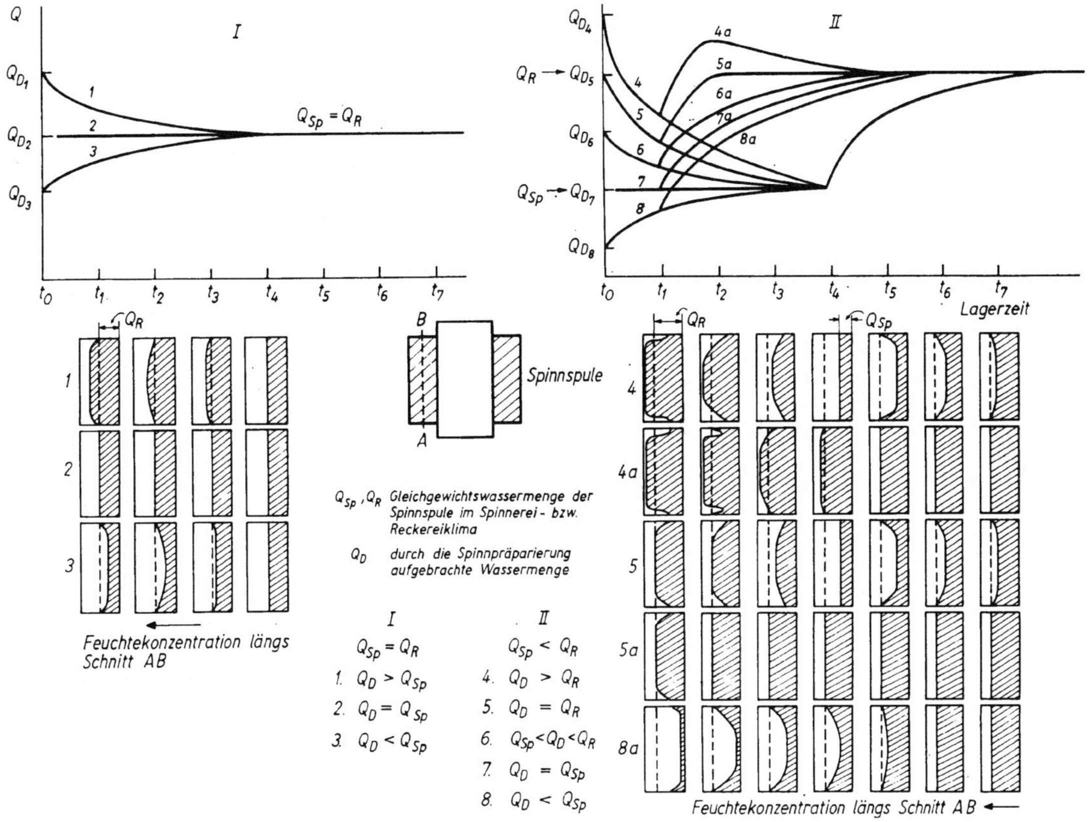

Bild 8. Wasseraustauschvorgänge und Konzentrationsverteilung bei Spinnspulen in Abhängigkeit von Dosierung, Raumklima und Lagerzeit

rung sind in dieser Gruppe folgende Fälle in bezug auf den Gleichgewichtswert des Spinnerei- bzw. Reckereiklimas von Bedeutung:

Fall II, 4: $Q_D > Q_R$,
Fall II, 5: $Q_D = Q_R$,
Fall II, 6: $Q_R > Q_D > Q_{Sp}$,
Fall II, 7: $Q_D = Q_{Sp}$,
Fall II, 8: $Q_D < Q_{Sp}$.

Gruppe I ($Q_{Sp} = Q_R$):

In den *Fällen I, 1 und I, 3* ($Q_D \gtrless Q_{Sp} = Q_R$) kommt es beim Aufwickelprozeß, bei der Lagerung und der Abarbeitung der Spinnspule zu einem Wasseraustausch, der Konzentrationsunterschiede zwischen Rand und Innerem der Spulenbewicklung zur Folge hat. Die hierbei auftretenden Konzentrationsverteilungen sind in Bild 8 dargestellt. Hieraus ist ersichtlich, daß zwar nach langer Lagerzeit ein Konzentrationsausgleich stattfindet, durch die Einwirkung der unterschiedlichen Feuchtekonzentrationen bis zum Angleich jedoch die Gefahr irreversibler Strukturänderungen besteht.

Im Fall I, 2 ($Q_D = Q_{Sp} = Q_R$) können die Lagerzeiten und Verarbeitungsbedingungen beliebig gewählt werden, ohne daß es zu Austauschvorgängen und damit zur Ausbildung von Konzentrationsunterschieden kommt. Hier besteht auch keine Gefahr unterschiedlicher Nachhärtung.

Gruppe II ($Q_{Sp} < Q_R$):

Werden die Spinnspulen hinreichend lange (bis t_4 in Bild 8) im Spinnereiklima gelagert (Fälle II, 4 bis II, 8), so stellt sich eine homogene Feuchteverteilung in der Höhe des Gleichgewichtswertes des Spinnereiklimas ein. Verlagert man die angeglichenen Spinnspulen in das Reckereiklima, so kommt es unabhängig von der Dosierungshöhe zu einer Feuchteaufnahme, die zu starken Inhomogenitäten in der Konzentrationsverteilung führt. Eine homogene Feuchteverteilung stellt sich auch hier erst nach langer Lagerzeit ein. Irreversible Strukturänderungen treten während des Angleiches sowohl im Spinnereiklima als auch im Reckereiklima auf.

Während diese Vorgänge im Reckereiklima für alle Spulen in gleicher Weise ablaufen, sind sie im Spinnereiklima von der Höhe der Feuchtedosierung abhängig. Je weiter der Dosierungswert vom Gleichgewichtswert des Spinnereiklimas entfernt ist, um so größere Konzentrationsunterschiede treten im Wickelkörper bis zum Angleich auf und desto größer ist die Gefahr ungleichmäßiger Härtung. Der günstigste Fall bei Anwendung langer Lagerzeiten im Spinnereiklima liegt dann vor, wenn der Dosierungswert gerade dem Gleichgewichtswert des Spinnereiklimas entspricht (Fall II, 7: $Q_D = Q_{Sp}$). Für die Praxis besonders wichtig sind die Fälle, bei denen die Spinnspulen vor dem Umsetzen ins Reckereiklima nur kürzere Zeit (bis t_1 im Bild 8) im

Spinnereiklima gelagert werden. Die geringsten Konzentrationsunterschiede treten auf, wenn nach Fall II, 5a die Dosierung dem Gleichgewichtswert des Reckereiklimas entspricht. Ist die Dosierung vom Gleichgewichtswert des Reckereiklimas verschieden (Fälle II, 4a, II, 6a bis II, 8a), so muß die gesamte Spule auf den neuen Gleichgewichtswert angeglichen werden, während im Fall II, 5a praktisch nur die Randzone wieder auf den vorher schon vorhandenen Feuchtewert gebracht werden muß. Deshalb sind in den Fällen II, 4a, II, 6a bis II, 8a Konzentrationsunterschiede über lange Zeiten vorhanden, die um so größer sind, je weiter der Dosierungswert vom Gleichgewichtswert des Reckereiklimas entfernt ist. Gleiche Abweichungen der Dosierung vom Gleichgewichtswert des Reckereiklimas (Fall II, 4a und II, 6a) führen zu verschieden hohen Konzentrationsunterschieden. Dies liegt darin begründet, daß bei einer Überdosierung das Konzentrationsgefälle zum Spinnereiklima größer ist als bei einer Unterdosierung. Deshalb ist dem Fall II, 6a der Vorzug zu geben. Die obigen Überlegungen werden auch durch die in Bild 8 eingezeichneten Konzentrationsverteilungen veranschaulicht.

4.5. *Schlußfolgerungen für die günstigsten Produktionsbedingungen*

Aus den Betrachtungen des vorigen Abschnittes läßt sich ableiten, daß für die Produktion der günstigste Fall vorliegt, wenn in der Spinnerei und Reckerei das gleiche Klima eingestellt wird und die Dosierung dem Gleichgewichtswert zu diesem Klima entspricht (Fall I, 2). Wenn die Klimaverhältnisse in Spinnerei und Reckerei verschieden sind, lassen sich Konzentrationsunterschiede nicht völlig vermeiden. Für diese Verhältnisse sind zeitlich und örtlich die geringsten Konzentrationsunterschiede mit dem Fall II, 5a verwirklicht, d.h., die Dosierung muß dem Gleichgewichtswert des Reckereiklimas entsprechen und die Lagerzeit in der Spinnerei so kurz wie möglich bemessen werden. Eine Angleichzeit in der Reckerei von der Größenordnung der Lagerzeit in der Spinnerei sorgt dafür, daß die Austrocknung der Randschichten wieder rückgängig gemacht wird, bevor die Spinnspule an der Reckmaschine aufgesteckt wird. Die Austrocknung könnte durch eine kurze Zwischenlagerung in einem feuchteren Klima als dem Reckereiklima schneller rückgängig gemacht werden. Da die Verweilzeit in diesem Klima streng eingehalten werden müßte und die Erzeugung eines dritten Klimazustandes im Betrieb sehr aufwendig sein dürfte, erscheint eine solche Maßnahme unzweckmäßig.

Literatur

[1] *Dittmann, H., Henkel, H., Kaufmann, S., Lochmüller, O.,* und *Richter, H.:* Dickstellen in gereckter Polyamidseide und ihre Entstehungsursachen.
Teil 1: Das Erscheinungsbild der Dickstellen und die Theorie ihrer Entstehungsmöglichkeiten. Faserforsch. u. Textiltechnik **20** (1969) 6, S. 274–277.

[2] *Dittmann, H., Henkel, H., Kaufmann, S., Lochmüller, O.,* und *Richter H.:* Dickstellen in gereckter Polyamidseide und ihre Entstehungsursachen.
Teil 2: Theorie und Modellversuche. Faserforsch. u. Textiltechnik **20** (1969) 6, S. 278–284.

[3] *Mieck, K. P.:* Dickstellen in gereckter Polyamidseide und ihre Entstehungsursachen.
Teil 3: Modellversuche zum Einfluß der relativen Luftfeuchte auf die *T*-Masern-Intensität. Faserforsch. u. Textiltechnik **20** (1969) 6, S. 285–293.

[4] *Dittmann, H., Henkel, H., Kaufmann, S., Lochmüller, O.,* und *Richter, H.:* Dickstellen in gereckter Polyamidseide und ihre Entstehungsursachen.
Teil 4: Der Wasserhaushalt der Spinnspule. Faserforsch. u. Textiltechnik **20** (1969) 12, S. 564–572.

Eingegangen am 27. April 1970

Das Drehmomentverhalten von Industrie-Nähmaschinen[1]

Teil 2. Verbesserung des Drehmomentverhaltens

Roland Nestler

Sektion für Verarbeitungs- und Verfahrenstechnik, Bereich Textiltechnik der Technischen Universität Dresden

DK 687.053.64-523:531.232:687.053.5

Für die Verbesserung des Drehmomentverhaltens von Industrie-Nähmaschinen werden geeignete Drehmomentausgleichsysteme ausgewählt und erprobt. Bei Verwendung derartiger Ausgleichsysteme wird ein sehr gleichmäßiger Drehmomentverlauf erzielt, der u. a. die Grundlage für weitere Leistungssteigerungen durch Drehzahlerhöhungen und eine höhere Laufruhe sowie für eine optimale Auslegung der Nähmaschine bildet.

Показатели промышленных швейных машин в связи с вращающим моментом

Часть 2-ая: Улучшение работы машин относительно вращающего момента

С целью улучшения работы промышленных швейных машин относительно их вращающего момента были выбраны и испытаны подходящие системы выравнивания вращающего момента. При применении таких систем получается весьма равномерный вращающий момент, позволяющий, между прочим, повысить производительность швейных машин путем увеличения числа оборотов и обеспечить более равномерный ход и оптимальную работу.

The Torque of Industrial Sewing Machines

Part 2. Improvement of the Torque Behaviour

To accomodate the components of the overall torque in industrial sewing machines to each other equilibrating systems have been established and tested. They allow to achieve a highly regular overall torque, being the basis of improving the output by higher rotational speed, smoother run and optimum construction.

1. *Einleitung*

Im ersten Teil dieser Arbeit [1] wird das Gesamt- und Teildrehmomentverhalten der Industrie-Doppelsteppstich-Schnellnähmaschine der Klasse 8332/001 analysiert und dabei festgestellt, daß die Drehmomentkurven der Hauptwelle auf Grund der Wirkungsweise einzelner Nähwerkelemente durch hohe Amplitudenanteile der 2. und 3. sowie der 8. Harmonischen gekennzeichnet sind. Die Teildrehmomente der übrigen Meßwellen sind infolge der geringen Schwankungen und der kleinen absoluten Beträge von untergeordneter Bedeutung. Im vorliegenden Teil der Arbeit wird die Anwendung geeigneter Drehmomentausgleichsmethoden erprobt mit dem Ziel, den Drehmomentverlauf zu egalisieren.

2. *Verbesserung des Drehmomentverhaltens der Hauptwelle*

Die häufigen und kurzzeitigen Drehmomentschwankungen beeinflussen in hohem Maße das Stabilitäts- und Verschleißverhalten der Nähmaschinenelemente. Wenn es gelingt, die Drehmomentspitzen abzubauen und einen ausgeglichenen Drehmomentverlauf zu erreichen, dann können weitere Leistungssteigerungen durch Drehzahlerhöhungen und eine höhere Laufruhe der Nähmaschine realisiert werden. Auch der Konstrukteur erhält dadurch u. a. die Möglichkeit, die Nähmaschinenelemente optimal auszulegen und beanspruchungsgerecht zu dimensionieren. Die folgenden Betrachtungen beziehen sich auf die Verbesserung des Drehmomentverhaltens der Hauptwelle, das im Bereich des Nadelstangen- und Fadenhebelantriebs gemessen wird [1]. Eine Glättung dieses Drehmomentverlaufs wirkt sich, wie aus den aufgezeigten Zusammenhängen [1] hervorgeht, natürlich auch sehr günstig auf das Gesamtdrehmomentverhalten der Nähmaschine aus. Zur Erzielung eines schwankungsarmen Drehmomentverlaufs gibt es mehrere Methoden [2 bis 11]. Im folgenden wird von zwei Methoden Gebrauch gemacht, die sich für den vorgesehenen Zweck anbieten.

2.1. *Ausgleich des Drehmomentverlaufs durch Massereduzierung der Nähwerkelemente*

Da die Masse der einzelnen Nähwerkelemente nicht nur auf die Massenkräfte, sondern auch auf das damit im Zusammenhang stehende Drehmomentverhalten der Hauptwelle einwirkt, ist es naheliegend, durch Einsatz eines geeigneten Werkstoffs mit möglichst sehr geringer Dichte eine Reduzierung der Masse des Fadenhebels und der Nadelstange einschließlich des Nadelstangenpleuels vorzunehmen und auf diese Weise eine Drehmomentverbesserung herbeizuführen. Eine Änderung in der Dimensionierung der Nähwerkelemente wird im vorliegendem Fall nicht vorgenommen. Bei der Versuchsnähmaschine sind die Nähwerkelemente aus Stahl bzw. Stahllegierungen hergestellt. Die durchschnittliche Dichte dieser Werkstoffe beträgt etwa 7,8 g/cm³. Die Aufgabe besteht nun darin, einen Werkstoff für die Nähwerkelemente einzusetzen, der in seinen Eigenschaften denen des Stahls sehr nahe kommt, aber doch eine wesentlich geringere Dichte aufweisen muß, damit die Masse der Nähwerkelemente möglichst klein wird. In Zusammenarbeit mit dem Bereich Werkstoffwissenschaften in der Sektion Grundlagen des Maschinenwesens der TU Dresden wurde für die Nähwerkelemente eine Leichtmetallegierung mit dem Kurzzeichen G-AlSi 12 ausgewählt und für den vorliegenden Zweck erprobt. Zwischen den wichtigsten Eigenschaften der für die Nähwerkelemente bisher eingesetzten Werkstoffe und der in den Versuchen angewendeten Leichtmetallegierung ist eine gute Übereinstimmung festzustellen [8, 9, 10, 12 bis 16]. Eine wesentliche Abweichung in den

[1]) Teilveröffentlichung aus der vom Verfasser eingereichten und von der Fakultät für Maschinenwesen des Wissenschaftsrates der Technischen Universität Dresden genehmigten Habilitationsarbeit. Referenten: Prof. Dr.-Ing. habil. *W. Bobeth* und Prof. Dr.-Ing. habil. *H. Perner*. Teil 1 s. [1].

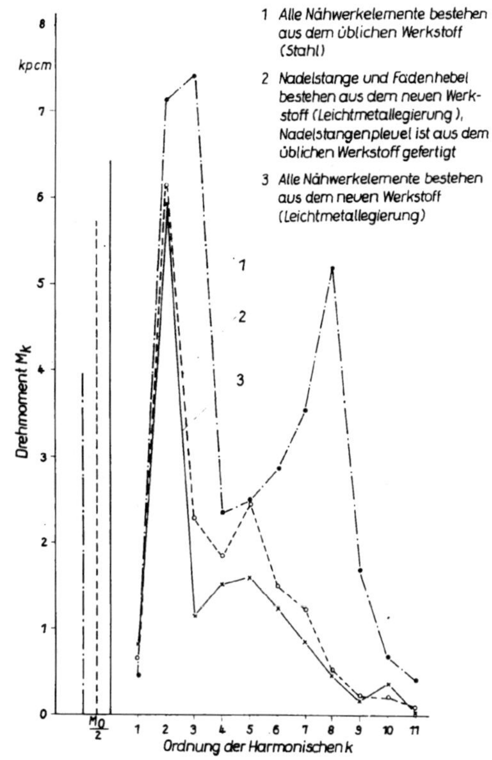

Bild 1. Drehmoment in Abhängigkeit von der Ordnung der Harmonischen bei einer Drehzahl von $n = 5000$ U/min unter Berücksichtigung der Massereduzierung der Nähwerkelemente (Meßstelle DM_2)

Werkstoffeigenschaften besteht aber in der Dichte. In dieser Hinsicht hebt sich die Leichtmetallegierung gegenüber Stahl vorteilhaft ab. Durch den Einsatz der Leichtmetallegierung für die Nähwerkelemente wird die Gesamtmasse um 56% gegenüber der bisherigen Ausführung aus Stahl reduziert. Den Einfluß der

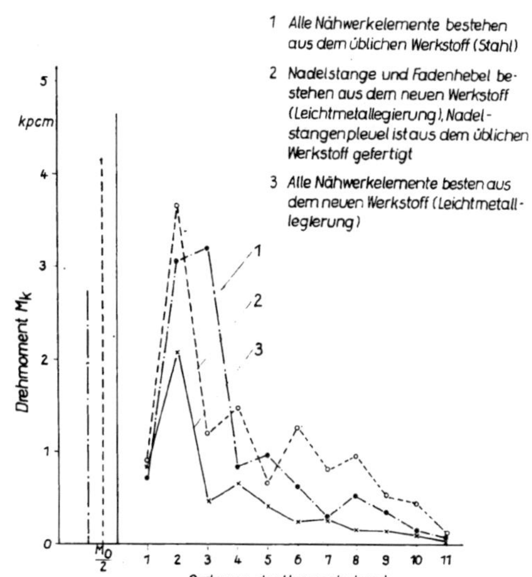

Bild 2. Drehmoment in Abhängigkeit von der Ordnung der Harmonischen bei einer Drehzahl von $n = 3000$ U/min unter Berücksichtigung der Massereduzierung der Nähwerkelemente (Meßstelle DM_2)

Massereduzierung auf das Drehmomentverhalten zeigen die Bilder 1 und 2, in denen die Drehmomente in Abhängigkeit von der Ordnung der Harmonischen bei einer Drehzahl von $n = 5000$ U/min (Bild 1) und $n = 3000$ U/min (Bild 2) dargestellt sind. Alle Versuche sind ohne Verwendung von Nähgut durchgeführt. Aus den beiden Bildern geht hervor, daß durch die Massereduzierung der Nähwerkelemente bereits eine beachtliche Verbesserung des Drehmomentverhaltens in den untersuchten Drehzahlbereichen erzielt wird. Es tritt nicht nur eine Verminderung der absoluten Drehmomentwerte ein, sondern auch eine Gleichmäßigkeit im Drehmomentverlauf selbst. Aus den Kurventendenzen ist festzustellen, daß die schwingungsfreien Gleichanteile $M_0/2$ mit der Masseverringerung der Nähwerkelemente ansteigen und die Amplituden der Oberwellen abnehmen. Bei vergleichender Betrachtung der Kurven 1 und 3 wirkt sich das Anwenden von Leichtmetall-Nähwerkelementen gegenüber denen aus Stahl in allen Drehzahlbereichen sehr günstig auf das Drehmomentverhalten aus. Da der Pleuel relativ hohe Kräfte aufzunehmen hat, wird der Einfluß des Pleuels, bestehend aus dem üblichen Werkstoff, in Verbindung mit den übrigen aus dem neuen Werkstoff gefertigten Nähwerkelementen auf das Drehmomentverhalten der Hauptwelle untersucht (Kurve 2). Erwartungsgemäß liegt die Kurve 2 zwischen den Kurven 1 und 3. Durch die Masseerhöhung des Pleuels um etwa das 2,4fache (Kurve 2) gegenüber dem aus Leichtmetall (Kurve 3) steigen die Amplituden von nahezu allen Harmonischen an. Wie in Dauerlaufuntersuchungen [8] nachgewiesen wird, ist die Auslegung des Pleuels mit dem üblichen Werkstoff nicht erforderlich; alle Nähwerkelemente können aus der Leichtmetallegierung G-AlSi 12 eingesetzt werden und halten den in der Praxis auftretenden Beanspruchungen stand.

Für die weiteren Betrachtungen sind die Kurvenzüge 3 von größtem Interesse. Die hohen Amplitudenwerte der 8. Harmonischen sowie die der 2. und 3. Harmonischen (Kurve 1), die durch den Fadenhebel und die Nadelstange verursacht werden, haben sich im allgemeinen durch die Massereduzierung sehr verringert (Kurve 3). Dieser Einfluß macht sich besonders bei einer Drehzahl von $n = 5000$ U/min bemerkbar. Auch die übrigen Harmonischen werden durch die Massereduzierung der Nähwerkelemente günstig beeinflußt. Nach den Kurventendenzen zu urteilen, verschiebt sich der Fadenhebeleinfluß von den Harmonischen höherer Ordnung auf solche von niedrigerer Ordnung. Auf Grund der relativ geringen absoluten Amplitudenbeträge der 5. und 4. Harmonischen in den beiden Drehzahlbereichen ist die Auswirkung des Fadenhebels auf diese Harmonischen von untergeordneter Bedeutung. Die Massereduzierung der Nadelstange und des Nadelstangenpleuels hat sich vor allem auf die 3. Harmonische ausgewirkt, die nur noch sehr geringe Werte aufweist. Obwohl die Drehmomente der 2. Harmonischen in der Kurve 1 gegenüber Kurve 3 je nach Drehzahlbereich um etwa $M_k = 1{,}0$ bis 1,2 kpcm zurückgegangen sind, wird der Drehmomentverlauf nach wie vor durch die Amplituden dieser 2. Harmonischen gekennzeichnet (Kurve 3). Eine Verminderung der Amplituden dieser 2. Harmonischen wird durch eine verbesserte Wirkungsweise der Nadelstange ermöglicht.

2.2. Ausgleich des Drehmomentverlaufs durch zusätzliche Verwendung von Energiespeichern

Die weitere Egalisierung des Drehmomentverlaufs wird durch Einsatz entsprechender Drehmomentkompensationsvorrichtungen erreicht. Im Prinzip beruhen solche Vorrichtungen auf der Erzeugung eines von der Zeit bzw. dem Drehwinkel abhängigen veränderlichen Drehmoments. Beim Anwenden solcher Ausgleichsvorrichtungen findet ein dauernder Energieausgleich statt. Derartige Vorrichtungen gibt es in mehreren Varianten, die für den vorgesehenen Verwendungszweck mehr oder weniger geeignet sind [3, 6 bis 11, 17, 18]. Nach eingehenden Untersuchungen [8] erscheint es sinnvoll, die infolge der auf- und abwärtsgehenden Nadelstange hervorgerufenen Drehmomentspitzen durch entsprechende Energiespeicher direkt an der Nadelstange zu kompensieren. Für derartige Kompensationsvorrichtungen eignen sich besonders Federn bzw. Federsysteme. Für die vorliegenden Untersuchungen wird unter Beachtung der aufzubringenden Kräfte und der herrschenden Bedingungen eine Feder benutzt, die im elastischen Bereich sowohl auf Druck als auch auf Zug beansprucht werden kann und deren Federkennlinien für beide Beanspruchungsarten übereinstimmen. Damit die Feder den Auf- und Abwärtsbewegungen der Nadelstange folgen kann, wird sie am unteren Ende durch eine entsprechende Vorrichtung mit der Nadelstangenbuchse arretiert und am oberen Ende mit dem Nadelstangenkolben verbunden. Durch diese Befestigungsart wird die Feder beim Aufwärtsgang der Nadelstange auf Zug und beim Abwärtsgang auf Druck beansprucht. Etwa in Hubmitte befindet sich die Feder in ihrem ungespannten Zustand.

Die durch die Feder als Energiespeicher im Bereich der Nadelstange in Verbindung mit der Massereduzierung der Nähwerkelemente erzielten Ergebnisse zeigen die Bilder 3, 4 und 5, in denen das Drehmoment in Abhängigkeit von der Ordnung der Harmonischen für die Drehzahlbereiche $n = 5000$ U/min (Bild 3), $n = 4000$ U/min (Bild 4) und $n = 3000$ U/min (Bild 5) dargestellt ist. Aus den Bildern 3 bis 5 geht deutlich das unterschiedliche Verhalten zwischen dem bisherigen

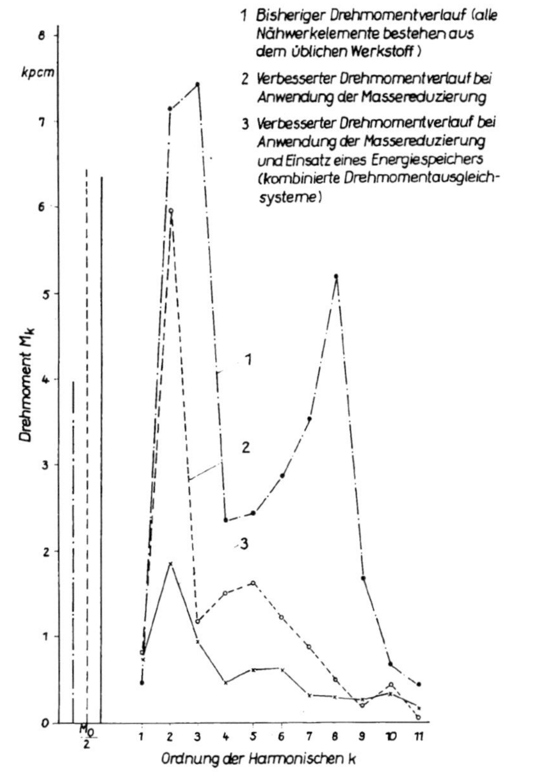

Bild 3. Drehmoment in Abhängigkeit von der Ordnung der Harmonischen bei einer Drehzahl von $n = 5000$ U/min unter Berücksichtigung der Ausgleichsysteme (Meßstelle DM_2)

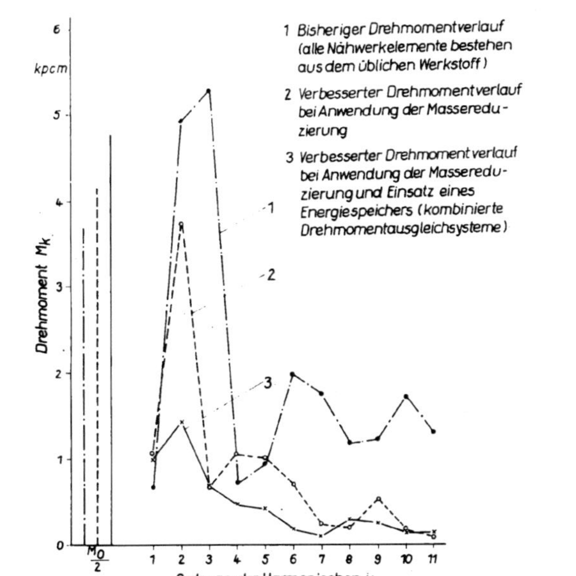

Bild 4. Drehmoment in Abhängigkeit von der Ordnung der Harmonischen bei einer Drehzahl von $n = 4000$ U/min unter Berücksichtigung der Ausgleichsysteme (Meßstelle DM_2)

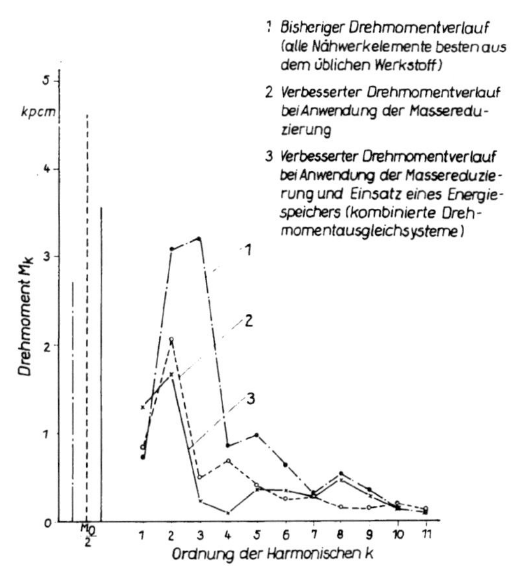

Bild 5. Drehmoment in Abhängigkeit von der Ordnung der Harmonischen bei einer Drehzahl von $n = 3000$ U/min unter Berücksichtigung der Ausgleichsysteme (Meßstelle DM_2)

Drehmomentverlauf (Kurve 1) und dem verbesserten Drehmomentverlauf unter Berücksichtigung des kombinierten Drehmomentausgleichs (Kurve 3) hervor. Durch den Einsatz der Feder als Drehmomentausgleichsystem werden die Amplitudenanteile der 2. Harmonischen in allen untersuchten Drehzahlbereichen sehr verringert. Bei einem Vergleich der Kurven 2 und 3 miteinander wird durch die dämpfende Federwirkung ein Abbau der 2. Harmonischen von 5,97 auf 1,84 kpcm bei $n = 5000$ U/min, von 3,75 auf 1,41 kpcm bei $n = 4000$ U/min und von 2,09 auf 1,70 kpcm bei $n = 3000$ U/min erreicht. Auch die Amplituden der übrigen Harmonischen werden durch die Federwirkung abgebaut und ein ausgeglichener Drehmomentverlauf erzielt. Der Grundwellenanteil nimmt geringfügig zu. Eine weitere Reduzierung des Drehmoments an der Hauptwelle der Nähmaschine ist beim Betrachten der absoluten Werte kaum erforderlich und könnte nur durch einen hohen technischen und ökonomischen Aufwand realisiert werden. Eine Einschränkung des Drehmomentanteils, der durch den Gelenkfadenhebel verursacht wird, läßt sich an vorhandenen Nähmaschinen aus Platz- und Geräuschgründen nur unter sehr hohem Aufwand durchführen. Ohne Berücksichtigung der technologischen Nachteile wird beim Verwenden eines rotierenden Fadengebers sicherlich ein günstigeres Drehmoment- und Geräuschverhalten der Nähmaschine gegenüber dem Gelenkfadenhebel erzielt.

3. *Vergleichende Betrachtungen des bisherigen und des verbesserten Drehmomentverlaufs*

Um die Auswirkungen der Ausgleichsysteme auf den Drehmomentverlauf gegenüber dem bisher vorgefundenen Drehmomentverlauf der Nähmaschinenhauptwelle besser vergleichen und beurteilen zu können, sind in Bild 6 die mit Hilfe der harmonischen Synthese [7, 8, 19] ermittelten Drehmomentverläufe in Abhängigkeit des Hauptwellendrehwinkels dargestellt. In Bild 6 werden die gleichen Einflußgrößen wie in Bild 3 aufgezeigt. Auch die Versuchsbedingungen stimmen in beiden Bildern überein. Der bisherige Drehmomentverlauf (Kurve 1) der Nähmaschinenhauptwelle ist durch mehrere ausgeprägte Drehmomentschwankungen gekennzeichnet. Während einer Hauptwellenumdrehung treten neun Drehmomentspitzen auf, die sowohl im positiven als auch im negativen Bereich liegen. Das Drehmoment (Kurve 1) schwankt innerhalb einer Hauptwellenumdrehung zwischen +20 und −15 kpcm. Diese Drehmomentspitzen wirken sich besonders nachteilig auf die Beanspruchung der Maschinenelemente und auf das Betriebsverhalten der Nähmaschine aus. Bereits durch Anwenden der Massereduzierung bei den Nähwerkelementen stellt sich ein Egalisieren des Drehmomentverlaufs ein (Kurve 2). Die Drehmomentspitzen verringern sich im Vergleich zur Kurve 1 in der Anzahl und Größe. Auch die Drehmomentwechsel (positive und negative Drehmomente) innerhalb einer Periodenlänge gehen in ihrer Häufigkeit und Größenordnung zurück; lediglich in den Drehwinkelbereichen von etwa $\varphi = 135°$ bis $160°$ und $\varphi = 320°$ bis $345°$ sind noch derartige Schwankungen zu verzeichnen. Der maximale Schwankungsbereich des Drehmoments bei Kurve 2 liegt etwa zwischen +15 und −3,5 kpcm. Bei Kombination beider Ausgleichsysteme (Massereduzierung und Energiespeicher) ergibt sich eine weitere beachtliche Verbesserung des Drehmomentverlaufs (Kurve 3). In diesem Kurvenverlauf sind keine ausgeprägten Drehmomentspitzen während einer Hauptwellenumdrehung mehr zu verzeichnen; alle Drehmomentwerte liegen im positiven Bereich. Der Drehmomentverlauf schwankt nur noch in einem Bereich von +3 bis +9,5 kpcm.

Durch die Erzielung eines derartigen gleichmäßigen Drehmomentverlaufs, wie er durch die Kurve 3 gekennzeichnet ist, wird die Nähmaschine in ihrem gesamten Betriebsverhalten wesentlich verbessert. Die technisch-technologischen und auch die ökonomischen Parameter der Nähmaschine werden außerordentlich günstig beeinflußt. Ein ausgeglichenes Drehmomentverhalten trägt u. a. auch dazu bei, den besonders hohen Geräusch-

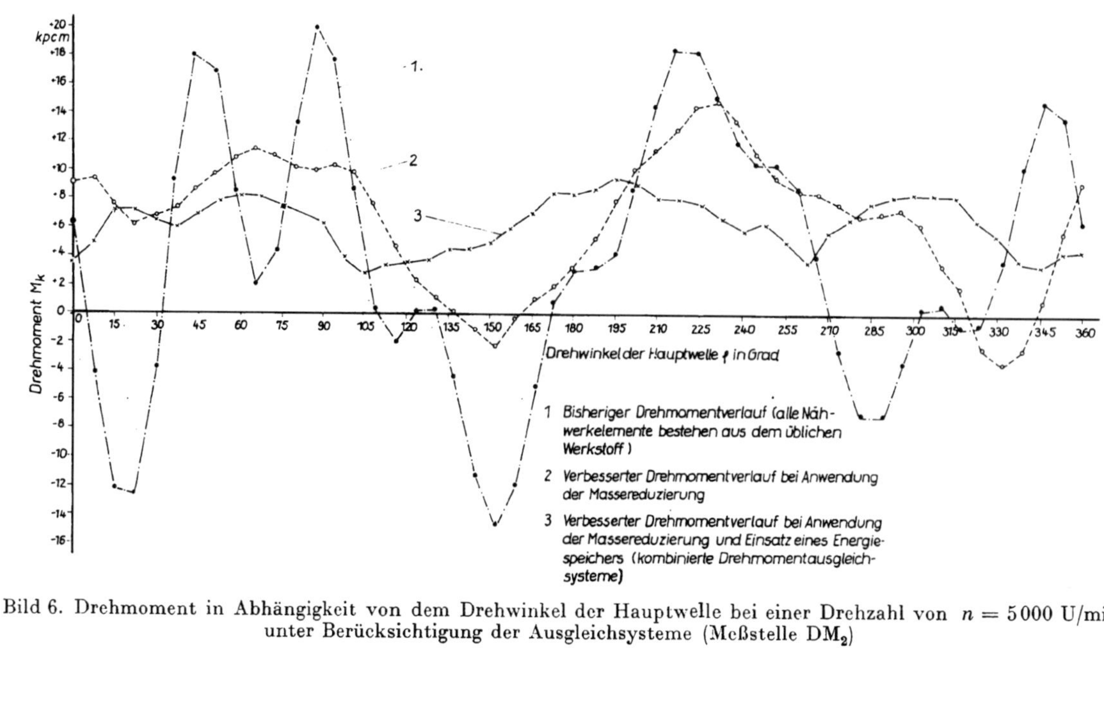

Bild 6. Drehmoment in Abhängigkeit von dem Drehwinkel der Hauptwelle bei einer Drehzahl von $n = 5000$ U/min unter Berücksichtigung der Ausgleichsysteme (Meßstelle DM_2)

pegel in den Nähabteilungen der Bekleidungsbetriebe zu senken. Auch für weitere wissenschaftliche Untersuchungen in bezug auf eine optimale Auslegung von Nähmaschinen sind die ermittelten Ergebnisse von großer Bedeutung. Als besonderer Vorteil ist zu werten, daß die zur Erzielung des ausgeglichenen Drehmomentverlaufs eingesetzten Elemente sich nicht nur in neuen, sondern auch in bereits vorhandenen Nähmaschinen gleicher Grundklassen einsetzen lassen. Die aus Leichtmetall gefertigten Nähwerkelemente wurden über einen längeren Zeitraum in Dauerlaufuntersuchungen unter Praxisbedingungen erprobt und dabei wurde festgestellt, daß keine besonderen Verschleißerscheinungen der Nähwerkelemente aufgetreten sind.

4. *Beurteilung des Geräuschverhaltens der Versuchsnähmaschine*

Die Kenntnis des durch die Nähmaschine verursachten Geräusches ist im Hinblick auf die nach TGL 10687 zulässige Lärmbelastung an Arbeitsplätzen besonders wichtig. Die Arbeitsgeräusche stellen deshalb ein wesentliches Qualitätsmerkmal zum Beurteilen der Schutzgüte von Industrie-Nähmaschinen dar [20, 21]. In den durchgeführten Geräuschuntersuchungen [22] wird der Einfluß der Drehmomentausgleichsysteme auf den Schalldruckpegel bei unterschiedlichen Betriebszuständen der Versuchsnähmaschine bestimmt. In Bild 7 ist der Schalldruckpegel am Arbeitsplatz in Abhängigkeit von der Stichanzahl unter Berücksichtigung verschiedener Einflußfaktoren dargestellt. Mit steigender Stichanzahl nimmt der Schalldruckpegel zu. Aus dem Verlauf der Kurven 1 und 2 ist zwischen den Betriebszuständen mit und ohne Nähgut kein nachweisbarer akustischer Unterschied festzustellen. Beide Kurven überschneiden sich mehrere Male im untersuchten Stichanzahlbereich; die maximale Abweichung der Schalldruckpegel beträgt 1 dB(AI). Von *Butter* und *Waldeck* [20] wird ein ähnliches Verhalten ermittelt. Ein Vergleich der Kurven 1 und 3 ergibt, daß, abgesehen von dem Schalldruckpegelwert der Kurve 3 bei 3000 Stichen/min, im mittleren Stichanzahlbereich die Schall-

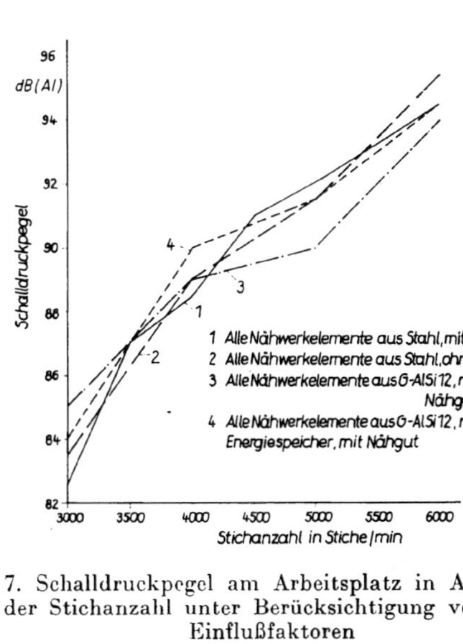

Bild 7. Schalldruckpegel am Arbeitsplatz in Abhängigkeit von der Stichanzahl unter Berücksichtigung verschiedener Einflußfaktoren

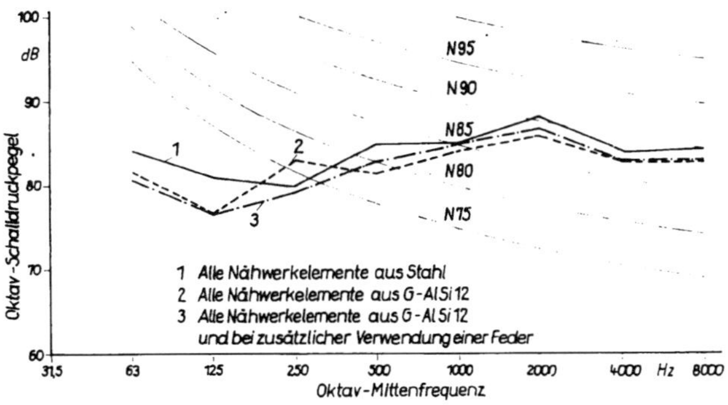

Bild 8. Oktav-Schalldruckpegel am Arbeitsplatz in Abhängigkeit von der Oktav-Mittenfrequenz bei einer Drehzahl von $n = 5000$ U/min

druckpegelwerte beider Kurven annähernd übereinstimmen. Im höheren Stichanzahlbereich zwischen 4500 Stichen/min und 6000 Stichen/min wird durch die Massereduzierung der Nähwerkelemente der Schalldruckpegel um 0,5 dB(AI) bis 2,0 dB(AI) vermindert. Die Nähmaschine läuft in diesem hohen Stichanzahlbereich geräuschärmer. Beim Anwenden der kombinierten Drehmomentausgleichsysteme (Kurve 4) wird im Vergleich zu dem Ausgleichsystem durch Massereduzierung der Nähwerkelemente (Kurve 3) in einem Bereich bis 4000 Stiche/min ein etwa gleicher Schalldruckpegel erreicht; bei höheren Stichanzahlen bis 6000 Stiche/min nimmt der Schalldruckpegel nach Kurve 4 um 0,5 dB(AI) bis maximal 1,5 dB(AI) zu. Das ungünstigere Geräuschverhalten ist auf die bei der Versuchsnähmaschine vorgenommene provisorische Befestigung der Feder an dem Nadelstangenkolben und in der Nadelstangenbuchse zurückzuführen. Beim geringsten Spiel werden zusätzliche Geräusche verursacht, die den Schalldruckpegel erhöhen. Da zwischen den Werten der Schalldruckpegel- und Drehmomentmessung eine Korrelation besteht, ist bei einer verbesserten Federbestigung auch ein kleinerer Schalldruckpegel zu erwarten.

Bild 8 zeigt den Oktav-Schalldruckpegel am Arbeitsplatz in Abhängigkeit von der Oktav-Mittenfrequenz bei einer konstanten Stichanzahl von 5000 Stichen/min und unter Anwendung von Nähgut. Nach dem Spektrum des Oktav-Schalldruckpegels zu urteilen, werden beim Einsatz der Nähwerkelemente aus Leichtmetall (Kurve 2) gegenüber denjenigen aus Stahl (Kurve 1) beachtliche Pegelminderungen erzielt. Im unteren Frequenzbereich verringert sich der Schalldruckpegel um 3 dB bis 4 dB. Die ermittelten Pegelminderungen im Gesamthörbereich werden entscheidend von dem Verhalten des Schalldruckpegels im Frequenzbereich von 1000 bis 4000 Hz beeinflußt. In diesem Frequenzbereich geht nach Bild 8 der Oktav-Schalldruckpegel um etwa 1 bis 3 dB zurück; für das gesamte Lärmverhalten in der Nähabteilung spielt diese Schalldruckpegelverringerung eine große Rolle. Nach dem Verlauf der Kurve 3 wird durch die Kombination der Drehmomentausgleichsysteme im Frequenzbereich bis etwa 400 Hz das Geräuschverhalten gegenüber Kurve 2 weiter verbessert. In den höheren Frequenzbereichen verläuft die Kurve 3 aus den bereits erwähnten Gründen zwischen den Kurven 1 und 2. Auch in diesem Fall wird sich bei einer ausreichenden Federbefestigung ein günstigeres Geräuschspektrum einstellen. Die durch das verbesserte Drehmomentverhalten erzielten Schalldruckpegelminderungen in höheren Stichanzahlbereichen und im Spektrum des Oktav-Schalldruckpegels gestatten, auch unter dem Gesichtspunkt des Lärmverhaltens Leistungssteigerungen durch Drehzahlerhöhung der Nähmaschine von mindestens 6000 Stichen/min zu erreichen. Außerdem wirkt sich eine Lärmminderung sehr leistungserhöhend und vor allem auch weniger gesundheitsschädigend auf die in den Nähabteilungen Beschäftigten aus [23].

5. *Zusammenfassung*

Durch die Anwendung von geeigneten Drehmomentausgleichsystemen wird versucht, den Drehmomentverlauf der Hauptwelle zu egalisieren. Bei den verwendeten Ausgleichsystemen handelt es sich einerseits um eine Massereduzierung einzelner Nähwerkelemente und andererseits um den Einsatz eines Energiespeichers bei der Nadelstange. Durch die Verwendung einer Leichtmetallegierung für Fadenhebel, Nadelstange und Nadelstangenpleuel wird bei gleicher Auslegung und Dimensionierung dieser Nähwerkelemente eine Verringerung der Gesamtmasse um 56% gegenüber den Nähwerkelementen aus dem bisherigen Werkstoff erzielt. In allen untersuchten Drehzahlbereichen werden infolge der Massereduzierung der Nähwerkelemente nicht nur die hohen Drehmomentanteile, die durch Fadenhebel und Nadelstange hervorgerufen werden, wesentlich verringert, sondern auch der gesamte Drehmomentverlauf wird verbessert. Der noch vorhandene relativ hohe Amplitudenanteil der 2. Harmonischen wird durch zusätzliches Anwenden eines Energiespeichers in Form einer Feder, die mit der auf- und abgehenden Nadelstange in Verbindung steht, ausgeglichen. Durch die Kombination beider Ausgleichsysteme (Massereduzierung und Energiespeicher) treten keine Drehmomentspitzen mehr auf. Es wird dadurch ein sehr gleichmäßiger Drehmomentverlauf und ein günstiges Betriebsverhalten der Nähmaschine erreicht. Zur besseren Vergleichbarkeit und Beurteilung der erzielten Ergebnisse wird mit Hilfe der harmonischen Synthese das Drehmomentverhalten in Abhängigkeit des Hauptwellendrehwinkels bestimmt. Während der bisher übliche Drehmomentverlauf innerhalb einer Periode Schwankungen in der Größenordnung von +20 bis −15 kpcm aufweist, schwankt bei Kombination beider Ausgleichsysteme das Drehmoment nur noch zwischen +3 und + 9,5 kpcm. Bisher durchgeführte Dauerlaufuntersuchungen unter Praxisbedingungen mit Nähwerkelementen aus der Leichtmetallegierung haben keine nähtechnischen Schwierigkeiten und auch keine besonderen Verschleißerscheinungen ergeben. Aus Geräuschuntersuchungen geht hervor, daß durch den Einsatz der Drehmomentausgleichsysteme in höheren Drehzahlbereichen ein besserer Schalldruckpegel und ein günstigeres Geräuschspektrum erzielt werden und dadurch das Lärmverhalten innerhalb der Näherei vorteilhaft beeinflußt werden kann. Weitere Vorteile eines verbesserten Drehmomentverhaltens von Industrie-Nähmaschinen werden erörtert. Die erzielten Ergebnisse bilden u. a. mit die Grundlage dafür, die auf dem Nähmaschinensektor sich abzeichnenden Entwicklungstendenzen zu realisieren.

Literatur

[1] *Nestler, R.:* Das Drehmomentverhalten von Industrie-Nähmaschinen. Teil 1: Analyse des Drehmomentverhaltens. Faserforsch. u. Textiltechnik **21** (1970) 8, S. 317−322.

[2] *Göbel, E. F.:* Bewegungsvorgänge und Massenkräfte in den Triebwerken von Nähmaschinen. Feinwerktechnik **62** (1958) 4, S. 117−124. Umschau Wiss. Technik **58** (1958) 7, S. 212−215.

[3] *Geißler, R.:* Untersuchungen über die Antriebsbedingungen und das Betriebsverhalten einer Cottonmaschine. Wirkerei- u. Strickereitechnik **8** (1958) 12, S. 41−52; **9** (1959) 1, S. 6−14; 3, S. 49−59.

[4] *Buschmann, G.:* Untersuchungen über die ungleichmäßigen Bewegungen der Flachwirkmaschine sowie deren Ausgleich durch gemeinsame Kompensation der auftretenden Federkräfte. Großer Beleg, angefertigt am Institut für Textiltechnik der TU Dresden 1958/1959.

[5] *Link, W.:* Ausgleich von Drehmomentenschwankungen an Flachwirkmaschinen. Diplomarbeit, angefertigt am Institut für Textiltechnik der TU Dresden 1963/1964.

[6] *Nestler, R.:* Messung der Beanspruchung der Nähwerkelemente bei Industrie-Doppelsteppstich-Schnellnähmaschinen. Forschungsbericht Nr. 450707/80/43/770, angefertigt an der Sektion für Verarbeitungs- und Verfahrenstechnik im Bereich Textiltechnik der TU Dresden 1968/1969.

[7] *Nestler, R.,* und *Urban, K.:* Zusammenhänge zwischen Betriebs- und Drehmomentverhalten bei Industrie-Doppelsteppstich-Schnellnähmaschinen. Faserforsch. u. Textiltechnik **20** (1969) 8, S. 361−368.

[8] *Nestler, R.:* Beitrag zum Bestimmen und Verbessern des Betriebsverhaltens von Industrie-Nähmaschinen. Habilitationsarbeit, angefertigt an der Fakultät für Maschinenwesen des Wissenschaftsrates der Technischen Universität Dresden 1969.

[9] *Kunze, D.:* Messung und Beurteilung der Beanspruchung der Nähwerkelemente bei Industrie-Schnellnähmaschinen. Diplomarbeit, angefertigt am Institut für Textiltechnik der TU Dresden 1967/1968. Betreuer: *R. Nestler.*

[10] *Kaden, C., Bertsch, F.,* und *Illgen, J.:* Bestimmung der Bewegungsvorgänge und Messung der Beanspruchung der Nähwerkelemente bei Industrie-Schnellnähmaschinen. Kollektiv-Diplomarbeit, angefertigt am Institut für Textiltechnik der TU Dresden 1968/1969. Betreuer: *R. Nestler.*

[11] *Gebhardt, G.:* Drehmomentmeßeinrichtung für Haushaltnähmaschinen. Großer Beleg, angefertigt am Institut für Getriebelehre, Feinmechanik und Textilmaschinenkonstruktion der TU Dresden 1961.

[12] Aluminium-Taschenbuch. 12. Aufl. Düsseldorf: Aluminium-Verlag 1963.

[13] *Eisenkolb, F.:* Einführung in die Werkstoffkunde. Bd. 4. Berlin: Verlag Technik 1965.

[14] Tabellenbuch für Stahlverbraucher. Leipzig: Deutscher Verlag für Grundstoffindustrie 1967.

[15] TGL 6546, Ausg. 11. 62: Einsatzstähle. Warm gewalzt, geschmiedet. Technische Lieferbedingungen.

[16] TGL 12529, Ausg. 2.63: Automatenstähle. Warm gewalzt, gezogen, geschält. Technische Lieferbedingungen.

[17] *Sieker, K.-H.:* Getriebe mit Energiespeichern. Leipzig: Akad. Verlagsges. Geest u. Portig 1952.

[18] *Haug, K.:* Drehschwingungen in Kolbenmaschinen. Berlin/Göttingen/Heidelberg: Springer 1952.

[19] *Zurmühl, R.:* Praktische Mathematik für Ingenieure und Physiker. 5. Aufl. Berlin/Heidelberg/New York: Springer 1965.

[20] *Butter, K.,* und *Waldeck, D.:* Geräuschmessungen an Nähmaschinen. Dt. Textiltechnik **18** (1968) 10, S. 652 bis 656.

[21] TGL 45-01249, Entw. 12.65: Geräuschmessung. Bestimmung der Schallpegel an Industrie-Nähmaschinen.

[22] Meßtechnische Untersuchungen von lärmsenkenden Maßnahmen an der Nähmaschine der Klasse 8332/001. Meßbericht Nr. A 58190 v. 24. 6. 1969, angefertigt vom Institut für Textilmaschinen Karl-Marx-Stadt.

[23] Lärm hemmt Leistung. Ein Beitrag zur Lärmabwehr in Nähbetrieben. Pfaff Information für die nähende Industrie (1955) 7, S. 5−7.

Eingegangen am 24. April 1970

Beitrag zur Bestimmung des Verhaltens von Bauschen und Fäden bei Druckeinwirkung[1]

Teil 2: Versuchsergebnisse

Reinhard Mikut

Deutsche Akademie der Wissenschaften zu Berlin, Institut für Technologie der Fasern in Dresden

DK 677-042.71:677-042.5:677.017.435:677.017.2/.7

Mit einer Lamellenprüfeinrichtung werden Druck-Verformungs-Versuche an Faserbauschen und Fadenbündeln durchgeführt. Es wird über die Einflüsse von Faserkräuselung, Oberflächenbeschaffenheit, Faserfeinheit, Faserstoffart, Fadenkonstruktion sowie thermischer und hydrothermischer Behandlung synthetischer Faserstoffe auf die Druck-Verformungs-Eigenschaften berichtet.

К вопросу об определении поведения об'емистых волокон и нитей при сжатии

Часть 2-ая: Результаты опытов

При применении специального испытательного устройства было проведено испытание образцов волокон и нитей на деформацию при сжатии. В частности, было изучено влияние извитости, вида поверхности, толщины волокон, вида волокна и конструкции нити, а также термической и гидротермической обработок синтетических волокон на деформацию при сжатии.

Compressional Response of Fibre Bulks and Filaments

Part 2. Experimental Results

The pressure-deformation relationships of fibre bulks and filament bundles have been investigated using a lamellae testing device. The effects of crimp, surface properties, fineness, kind of fibres, yarn construction, thermal and hydrothermal treatment of synthetic fibres on the compressional response are described.

1. Einleitung

Im Teil 1 wurde darauf hingewiesen, daß die Druck-Verformungs-Eigenschaften von Bauschen und Fadenbündeln durch eine Vielzahl sich gegenseitig überlagernder Einflußgrößen bestimmt werden. Die Untersuchung der Gewichtigkeit dieser Einflußgrößen stößt deshalb von vornherein auf Schwierigkeiten, da für Modellversuche geeignete Faserstoffe, bei denen jeweils nur ein Parameter variiert wurde, schwer herzustellen sind. Trotzdem soll nachfolgend versucht werden, unter Verwendung von Modellbetrachtungen und Feststellungen anderer Autoren grundsätzliche Zusammenhänge herauszuarbeiten. Die Versuche wurden nach dem im Teil 1 beschriebenen Verfahren durchgeführt.

2. Faserkräuselung

Bei konstantem Substanzvolumen des Prüflings nimmt die Faseranzahl mit wachsender Kräuselungsintensität ab. Im Prüfling behindern sich beim Komprimieren folglich weniger Fasern. Der von einer gekräuselten Faser bestimmter Feinheit eingenommene Raum ist von der räumlichen Lage und Form der Kräuselbögen, der Kräuselungswellenlänge sowie der Kräuselungsamplitude abhängig. Es ist denkbar, für die jeweilige Erscheinungsform der Kräuselung Berechnungen über den vermutlichen Entkräuselungswiderstand einer Einzelfaser anzustellen. Die damit in Verbindung stehende Verringerung des Prüflingsvolumens kann aber nicht exakt vorausgesagt werden, da das gleichzeitige Abgleiten benachbarter Fasern nicht ohne weiteres berechenbar ist. Zur Klärung der Zusammenhänge zwischen den Kräuselungsparametern und dem Druck-Verformungs-Verhalten der Bausche müssen experimentelle Untersuchungen herangezogen werden.

Van Wyk [12] fand für 310 verschiedene Merinowollen eine gesicherte Abhängigkeit zwischen dem Kompressionswiderstand und der Kräuselbogenzahl pro Längeneinheit (Korrelationskoeffizient $r_{xy} = +0{,}55$).

Demiruren und *Burns* [6] ermittelten für 29 verschiedene Wollen dagegen nur Korrelationskoeffizienten von $r_{xy} = +0{,}18$ (statistisch nicht gesichert) bzw. $+0{,}47$ (Korrelation mit $S = 99\%$ gesichert) bezüglich der Zusammenhänge zwischen maximaler Kompressionskraft und Kräuselungsamplitude bzw. Verhältnis von Kräuselbogenlänge zur Kräuselungsamplitude. Für die Bauschelastizität ergaben sich die entsprechenden Korrelationskoeffizienten zu $+0{,}20$ bzw. $+0{,}27$, wobei die Existenz dieser Zusammenhänge nicht statistisch gesichert war. Hierbei ist zu beachten, daß bei Wollproben die komplexe Überlagerung vieler Einflußgrößen (z. B. Wollfeinheit, Art der Schuppenschicht, wachstumsbedingte Strukturparameter u. a.) die exakte Auswertung erschwert.

Schickhardt [8] stellte an Bauschen aus Polyamid- und Viskosefasern ein Anwachsen des elastischen Arbeitsvermögens mit zunehmender Kräuselungsintensität fest. Für 13 verschiedene Wollen ermittelte er Korrelationskoeffizienten von $+0{,}85$ bzw. $+0{,}71$ zwischen dem elastischen Arbeitsvermögen und der Einkräuselung bzw. der Kräuselbogenzahl/dm. In einzelnen Fällen traten dabei erhebliche Abweichungen auf.

Nach *Friedemann* [42] hat die Kräuselung den entscheidendsten Einfluß auf den Kompressionswiderstand eines Bausches. An Prüflingen aus Viskose- und Polyacrylnitrilfasern wurde ein nahezu linearer Zusammenhang zur Entkräuselung nachgewiesen. Durch die Wirkung anderer Einflußgrößen ist jedoch eine vollständige Korrelation bei verschiedenen Typen der genannten Faserarten nicht vorhanden.

Die aus der Literatur nicht klar erkennbaren Beziehungen zwischen Faserkräuselung und Druck-Verformungs-Eigenschaften der Bausche sollen am Beispiel von WOLPRYLA-65 näher untersucht werden.

Aus Tabelle 1 (Bild 1) ist zu ersehen, daß zwischen der Kompressionskraft $P_{70/5}$ und der Entkräuselung δ_k ein linearer Zusammenhang besteht, der durch die Funktion

$$P_{70/5} = k_1 \cdot \delta_k + (P_{70/5})_{\delta_k=0}$$

mit k_1 = Konstante

beschrieben werden kann. Für die untersuchten Kabelproben ergibt sich ein Korrelationskoeffizient $r_{xy} = +0{,}96$;

[1]) Auszug aus der Dissertation des Verfassers, Technische Universität Dresden, Fakultät Maschinenwesen 1969. Referenten: Prof. Dr.-Ing. habil. *W. Bobeth* und Prof. Dr.-Ing. habil. *H. Perner*. Teil 1 s. Faserforsch. u. Textiltechnik **21** (1970) 8, S. 323–332.

Tabelle 1. Einfluß der Kräuselung auf die Druck-Verformungs-Eigenschaften von WOLPRYLA-65 333 mtex

(Porenanteil $V_P = 96\%$, Anzahl der Einzelwerte $n = 15$ bei Kabelproben, $n = 5$ bei Flockeproben, $S = 95\%$)

Probenart	δ_k		$P_{70/5}$		C_K	C_V
	$\bar{x} \pm q$ %	v %	$\bar{x} \pm q$ kp	v %	kp	%
Kabel, ungekr.	—	—	0,05±0,00	—	0,00	—
Kabel, gekr.	12,1±0,7	21,6	0,58±0,12	35,8	0,13	19,0
Kabel, gekr.	15,9±1,2	36,6	0,70±0,09	24,1	0,13	16,5
Kabel, gekr.	20,6±1,8	31,7	0,71±0,14	35,8	0,14	17,5
Kabel, gekr.	23,1±2,0	30,9	0,92±0,14	27,4	0,19	17,5
Kabel, gekr.	26,6±1,4	19,3	1,01±0,11	19,4	0,24	20,5
Kabel, gekr.	17,7±1,0	20,8	0,71±0,11	27,4	0,14	17,5
Flocke, ungekr.	—	—	0,22±0,03	10,7	0,04	17,0
Flocke, gekr.	3,6±0,8	75,8	0,36±0,04	9,2	0,07	17,5
Flocke, gekr.	15,3±1,1	45,2	0,95±0,10	8,6	0,19	17,0
Flocke, gekr.	17,3±2,0	40,9	0,94±0,09	8,1	0,17	16,0

die Existenz des Zusammenhanges kann mit $S = 99{,}9\%$ als gesichert angenommen werden.

Die hohen Variationskoeffizienten und Vertrauensbereiche der $P_{70/5}$-Mittelwerte (Tabelle 1) sind hauptsächlich auf die starke Kräuselungsungleichmäßigkeit bei stauchkammergekräuselten Fasern zurückzuführen. Aus dem gleichen Grund ist auch das Bestimmen der mittleren Entkräuselung einer Probe (nach TGL 142-2014 aus mindestens 50 Einzelwerten) sehr problematisch, so daß die Zuordnung eines bestimmten $P_{70/5}$-Mittelwertes zu einem δ_k-Mittelwert stets mit einer Unsicherheit behaftet ist.

Die für Kabelproben berechneten v-Werte der Kompressionskraft liegen über denen für Flockenproben, weil das Vermischen von Fasern in der Flocke zum besseren Ausgleich von Kräuselungsschwankungen führt. Bei Entnahme einer Kabelprobe ist dagegen die zufällig vorhandene Kräuselungsintensität eines Kabelteiles für die Voluminösität des Prüflings und folglich sein Druck-Verformungs-Verhalten maßgebend. Hinzu kommt, daß die Auflockerung einer Kabelprobe, das heißt die Beseitigung der dichten Packung von Elementarfäden, nicht in jedem Fall vollständig gelingt.

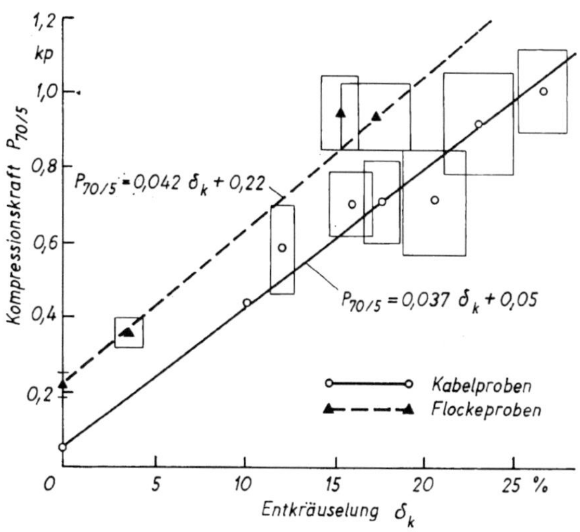

Bild 1. Abhängigkeit der Kompressionskraft von der Entkräuselung bei WOLPRYLA-65 (nach Tabelle 1)

Theoretisch dürfte für Prüflinge aus ungekräuselten Fasern bei einem Porenanteil von $V_P = 96\%$ und einem Kompressionsgrad von $K = 70\%$ noch kein Kompressionswiderstand zu erwarten sein, da die Fasern bei dichtester Packung im Meßraum nur einen geringen Anteil des verbleibenden Meßraumvolumens bei $K = 70\%$ einnehmen. Wie aus Bild 1 (Tabelle 1) hervorgeht, liegen jedoch in der Praxis die den Prüfling bildenden Fasern nicht vollständig parallel zueinander bzw. besitzen eine gewisse Krümmung und Verwindung, woraus ein meßbarer Kompressionswiderstand resultiert. Bei der Kräuselungsbestimmung werden diese Krümmungen bereits weitgehend durch die Wirkung der Vorspannkraft gestreckt.

Bei „ungekräuselten" Flockeproben ist die Kompressionskraft größer als bei entsprechenden Prüflingen aus Kabelproben. Während die Elementarfäden eines Kabels bis zur Herstellung des Prüflings ihre Lage nahezu unverändert beibehalten, nimmt im Fall der Flockeproben jede einzelne Faser am Ende des Produktionsprozesses einen willkürlichen räumlichen Anordnungszustand ein. Durch Druckeinwirkungen auf die Fasermenge werden unregelmäßige Faserkrümmungen und -verwindungen hervorgerufen. Dabei nimmt die Voluminösität zu. Die gegenüber Kabelproben im „ungekräuselten" Zustand vorhandene höhere Voluminösität der Flockeprüflinge addiert sich als nahezu konstanter Betrag mit dem Zuwachs an Voluminösität bzw. Kompressionskraft durch steigende Kräuselungsintensität.

Die Kompressionskraftabnahme C_K wächst ebenso wie die Kompressionskraft $P_{70/5}$ mit der Entkräuselung annähernd linear an. Der Kompressionskraftverlust C_V zeigt dagegen keine eindeutige Abhängigkeit von der Entkräuselung (vgl. Tabelle 1).

Die Versuche ergaben grundsätzliche Übereinstimmung mit den Erkenntnissen von *Friedemann* [42], *van Wyk* [12] und *Schickhardt* [8]. Obwohl der für WOLPRYLA-65 festgestellte lineare Zusammenhang zwischen Kompressionskraft und Entkräuselung durch weitere Versuche überprüft werden muß, ist mit hoher Wahrscheinlichkeit vorauszusagen, daß bei Anwendung des Druck-Verformungs-Versuches als Bestandteil der betrieblichen Gütekontrolle im Chemiefaserbetrieb in der Regel auf eine zusätzliche Ermittlung der Entkräuselungswerte verzichtet werden könnte. Diese Behauptung ist auch dadurch gerechtfertigt, daß infolge der oben erwähnten Unsicherheit bei der Kräuselungsmessung die zeitaufwendige Durchführung der Entkräuselungsbestimmung stets nur zu Informationen mit beschränkter Aussagekraft führt.

3. *Beschaffenheit der Faseroberfläche*

Für das Druck-Verformungs-Verhalten der Bausche hat die Oberflächenbeschaffenheit der Fasern in mehrfacher Hinsicht Bedeutung:

1. Der Reibungskoeffizient der Fasern beeinflußt den Kompressionswiderstand der Prüflinge. Rauhe Faseroberflächen beeinträchtigen das gegenseitige Abgleiten benachbarter Fasern beim Komprimieren. Dadurch werden höhere Kompressionskräfte gemessen.
2. Faserstoffauflagerungen und Oberflächenprofilierung können die Biegesteifigkeit der Fasern und damit den Kompressionswiderstand der Prüflinge erhöhen oder vermindern.
3. Die Beständigkeit des Kompressionswiderstandes gegen mehrfache Kompression, ausgedrückt durch die Kenngrößen C_K und C_V, ist von der Oberflächenglätte der Fasern und den Adhäsionskräften der Faserstoffauflagerungen abhängig.

Die Wirkungen der Oberflächenbeschaffenheit erfolgen stets komplex. Sie werden aber auch gleichzeitig durch den Einfluß anderer Faserstoffeigenschaften überlagert.

Tabelle 2. Einfluß der Präparation auf das Druck-Verformungs-Verhalten von Bauschen aus DEDERON, GRISUTEN *und* WOLPRYLA-65 *(alle $V_P = 96\%$) sowie* REGAN *($V_P = 97\%$)*

Faserstoff		Zustand	$P_{70/5}$ kp	C_K kp	C_V %
DEDERON	356 mtex	unbehandelt	0,44 ± 0,05	0,06	12,0
		extrahiert mit Methanol/Tetra (1:1, 20 Überläufe)	0,56	0,10	16,0
GRISUTEN	467 mtex	unbehandelt	0,98 ± 0,07	0,14	13,5
		extrahiert mit Methanol/Tetra (1:1, 20 Überläufe)	1,38	0,41	25,0
WOLPRYLA-65	333 mtex	unbehandelt	0,92 ± 0,03	0,20	19,0
		extrahiert mit Methanol/Tetra (1:1, 20 Überläufe)	1,09	0,29	22,0
REGAN	356 mtex	unbehandelt	0,73 ± 0,18	0,17	23,5
		extrahiert mit Methanol/Äthylalkohol (1:1, 18 h, 20 °C)	0,66 ± 0,15	0,20	28,5

In der Literatur sind Hinweise zur Auswirkung von Avivagen bzw. Präparationen auf das Druck-Verformungs-Verhalten der Bausche unter anderem bei *Schickhardt* [8], *Friedemann* [42], *Busse* [18] sowie *Fujii* u. Mitarb. [56] enthalten. *Komarov* [5], *Pidgeon* und *van Winsen* [40], *Terasaki* u. Mitarb. [57] sowie *Winson* [7] verweisen auf die Gleitwirkung des Wassers bei Kompression feuchter Bausche bzw. auf die durch Feuchteeinwirkung hervorgerufene höhere Geschmeidigkeit von Fasern, wodurch geringere Kompressionswiderstände bzw. intensiveres Zusammendrücken der Prüflinge erreicht werden können.

In Tabelle 2 werden die Druck-Verformungs-Eigenschaften verschiedener Chemiefasern im Anlieferungszustand und nach Ablösen der Präparation gegenübergestellt. Während bei den Bauschen aus DEDERON-, GRISUTEN- und WOLPRYLA-65-Fasern die Kompressionskraft durch Entfernen der Präparation steigt, d. h. vermutlich die weich- und geschmeidigmachende Wirkung des Präparationsmittels verlorengeht, ist bei den Bauschen aus REGAN-Fasern ein umgekehrter Effekt zu verzeichnen, d. h., das Präparationsmittel wirkte versteifend. In allen Fällen nimmt der Kompressionskraftverlust C_V durch das Extrahieren der Proben erheblich zu, da das Abgleiten der Fasern im Bausch infolge geringerer Oberflächenglätte weniger reversibel ist.

Gestützt auf eine Anzahl weiterer Versuche kann die Schlußfolgerung gezogen werden, daß die Druck-Verformungs-Eigenschaften der Bausche auch durch geschickte Auswahl von Textilhilfsmitteln für die Faserstoffnachbehandlung gesteuert werden können. Dabei ist es möglich, den Kompressionswiderstand durch versteifende Präparationen zu erhöhen oder durch weichmachende Textilhilfsmittel herabzusetzen. Eine optimale Präparationsmittelauflage vermindert den Kompressionskraftverlust bei mehrfacher Belastung des Prüflings.

4. *Faserfeinheit und Biegesteifigkeit*

Die Veränderung des Faserdurchmessers ruft entgegengerichtete Wirkungen bezüglich der Biegesteifigkeit der Fasern und der Faseranzahl im Prüfling bei konstantem Substanzvolumen des Faserstoffes hervor. Während die Biegesteifigkeit proportional zur 4. Potenz des Faserdurchmessers wächst, nimmt die Faseranzahl im Prüfling indirekt proportional zum Quadrat des Faserdurchmessers ab. Bei vereinfachter Betrachtungsweise ist die Kompressionskraft dem Produkt aus Biegesteifigkeit und Faseranzahl proportional, so daß letztlich eine direkte Proportionalität zwischen Kompressionskraft und Faserfeinheit Tt vermutet werden kann. Zusätzlich ist zu beachten, daß die Faseranzahl im Prüfling wesentlich dessen Voluminösität und die Reibungsverhältnisse zwischen den Fasern mitbestimmt. Kleine Faseranzahl bewirkt niedrige Voluminösität, da sich die Fasern im Bausch dichter zusammenlagern können. Die Kompression eines Bausches aus relativ wenigen Fasern ührt zu kleinen Reibungseffekten, weil sich mit geringerer Wahrscheinlichkeit Fasern berühren und gegenseitig behindern werden.

Die Literatur enthält bezüglich des Feinheitseinflusses auf das Kompressionsverhalten der Bausche widersprüchliche Angaben:

Van Wyk [12] stellte bei 310 verschiedenen Merinowollen keine eindeutige Abhängigkeit zwischen mittlerem Faserdurchmesser und Kompressionswiderstand fest; er schloß jedoch einen durch die Kräuselung überdeckten geringen Einfluß nicht aus. Die mit $r_{xy} = +0{,}43$ berechnete Korrelation zwischen Kompressionskraft und Faserdurchmesser steht im Widerspruch zu den Feststellungen *Demirurens* [6], der ein negatives Vorzeichen des Korrelationskoeffizienten angibt.

Demiruren und *Burns* [6] fanden bei 29 verschiedenen Wollproben zwischen der maximalen Kompressionskraft und der Faserdicke einen mit $S = 99{,}9\%$ gesicherten Zusammenhang ($r_{xy} = -0{,}70$); der Kompressionswiderstand nahm mit der Faserdickenzunahme ab. Der Grad der Erholung nach einer Kompression ließ dagegen keine gesicherte Korrelation zur Faserfeinheit vermuten ($r_{xy} = +0{,}32$). Der Einfluß der Faserfeinheit erwies sich gegenüber anderen Fasereigenschaften als weniger bedeutungsvoll. Die ermittelten Korrelationen können auch durch Einwirkung anderer Einflußgrößen entstanden sein.

Rees [14] beobachtete bei fünf verschiedenen Baumwollproben ein Anwachsen des spezifischen Bauschvolumens mit abnehmendem Faserdurchmesser, jedoch keinen gesicherten Zusammenhang zur Bauschelastizität.

Nach *Schickhardt* [8] hat die Feinheit bei PERLON- und DIOLEN-Fasern keinen Einfluß auf das elastische Arbeitsvermögen komprimierter Bausche.

Kolb u. Mitarb. [19] konnten beim Quetschen von Bauschen aus DACRON-Seide mit 703 kp/cm² keine Abhängigkeit des Erholungsvermögens von der Feinheit feststellen.

Friedemann [42] fand bei Viskosefasern unterschiedlicher Provenienz zwischen Feinheiten von 143 mtex (Nm 7000) und 2 tex (Nm 500) keinen systematischen Unterschied im Kompressionswiderstand der Bausche, während Prüflinge aus gröberen Viskosefasern der Kompression einen größeren Widerstand entgegensetzten.

Zur Klärung des Feinheitseinflusses auf das Druck-Verformungs-Verhalten der Bausche wurden Versuche mit Polyamid-, Polyacrylnitril-, DYNEL- und Viskosefasern durchgeführt (Bild 2). Einschränkend muß darauf hingewiesen werden, daß produktionsbedingt innerhalb jeder Faserstoffgruppe keine Strukturgleichmäßigkeit, einheitliche Kräuse-

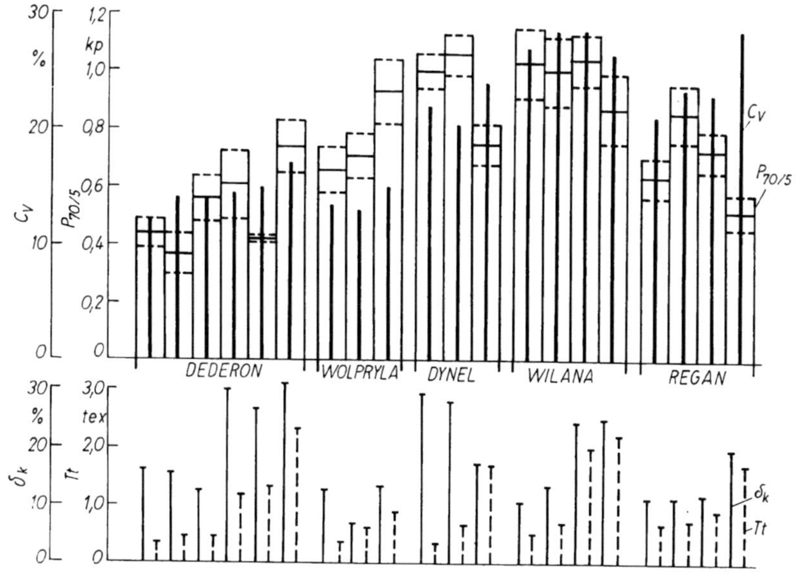

Bild 2. Einfluß der Faserfeinheit auf die Druck-Verformungs-Eigenschaften der Bausche

lung und Präparation gewährleistet waren, wodurch eindeutige Aussagen erschwert werden.

Bei den sechs unterschiedlich feinen DEDERON-Fasern ist eine Zunahme der Kompressionskraft mit steigender Faserdicke festzustellen, die aber auch auf das Ansteigen des Entkräuselungswertes zurückgeführt werden kann. Der auffallend niedrige $P_{70/5}$-Wert für die Feinheit 1320 mtex (11,9 den) besitzt hier nur geringe Bedeutung, da diese Probe vom Hersteller als „Teppich"-Typ bezeichnet wird, während die übrigen DEDERON-Proben „Woll"-Typen mit einer vermutlich anderen Formänderungscharakteristik sind.

Eindeutiger scheint der Zusammenhang zwischen Feinheit und Kompressionskraft bei den drei WOLPRYLA-Proben zu sein. Besonders bei Gegenüberstellung der Feinheiten 338 mtex (3,1 den) und 876 mtex (7,9 den), die etwa gleiches Entkräuselungsniveau besitzen, zeigt sich ein gesicherter Anstieg der Kompressionskraft mit wachsendem Feinheitswert.

Die drei DYNEL-Proben zeigen dagegen keine Kompressionskraftzunahme mit steigenden Tt-Werten. Hierbei ist zu berücksichtigen, daß dem Feinheitsanstieg eine beträchtliche Entkräuselungsabnahme entgegenwirkt. Infolge der Gegenläufigkeit der Abhängigkeiten kann eine feinheitsbedingte Kompressionskraftzunahme durch die infolge verminderter Kräuselung hervorgerufene Kompressionskraftminderung überdeckt werden.

Bei den vier WILANA-Proben ist trotz erheblicher Feinheitszunahme kein gesicherter Unterschied zwischen den $P_{70/5}$-Werten festzustellen. Das ist umso erstaunlicher, da gleichzeitig mit der Feinheitserhöhung auch die Entkräuselung wesentlich zunimmt. Werden in die Betrachtung noch die Werte für REGAN einbezogen, so kann vermutet werden, daß bei den untersuchten Viskosefassern ein gegenläufiger Zusammenhang zwischen Faserdicke und Kompressionswiderstand besteht. Die Kompressionskraftminderung wird bei WILANA weitgehend durch die Entkräuselungszunahme überdeckt. Bei REGAN ist unter Einbeziehung der Feinheit 356 mtex (3,2 den), für die Kompressionskräfte in der Größenordnung von 2,0 kp auftraten, ein prinzipieller Kompressionskraftabfall mit steigenden Tt-Werten zu verzeichnen.

Die Ursache für das abweichende Verhalten der Viskosefasern könnte in strukturellen Unterschieden gegenüber den synthetischen Fasern begründet sein. Klassische Viskosefasertypen sind in der Regel durch eine Kern/Mantel-Struktur gekennzeichnet. Die in der Mantelzone höhere Orientierung hat erhöhte Fasersteifigkeit zur Folge. Durch weitere Untersuchungen müßte geklärt werden, in welchem Verhältnis zur Faserfeinheit sich der Anteil der Mantelzone am Substanzquerschnitt aller Fasern des Prüflings verändert. Dabei ist die mit wachsender Faserfeinheit abnehmende Faseranzahl im Prüfling zu berücksichtigen. Darüber hinaus sind die Einwirkungen verschiedenartiger Präparationen sowie veränderter Kräuselbogenformen denkbar. So zeigen die dickeren REGAN-Fasern eine unregelmäßige grobe Kräuselung und Verwindung, während die Kräuselbögen bei niedrigen Feinheiten etwas gleichmäßiger ausgebildet sind. Daraus ergeben sich unterschiedliche Druckverteilungs- und Abgleitverhältnisse bei der Kompression. Zusätzlich sind die aus der Verschiedenheit der Faserquerschnittsformen resultierenden Biegesteifigkeitsunterschiede zu beachten. Bei den REGAN-Proben mit geringer Faserdicke ist eine relativ feine Lappung des meist kreisähnlichen Faserquerschnittes vorhanden, die zu einer hohen Biegesteifigkeit führen müßte. Die gröberen REGAN-Fasern besitzen diese Lappung in geringerem Maße, gleichzeitig nimmt ihr Faserquerschnitt zunehmend eine längliche Form an. Dadurch wird die Biegesteifigkeit bei Beanspruchung senkrecht zur Faserbreitseite niedriger.

Welchen Einfluß die Vergrößerung des Flächenträgheitsmomentes infolge Profilierung des Faserquerschnittes auf die Fasersteifigkeit besitzt, zeigt ein Vergleich zwischen Bauschen aus unprofilierten DEDERON-Fasern und DEDERON-Hohlprofilfasern mit annähernd gleicher Feinheit (440 mtex) und Entkräuselung. Für die Hohlprofilprobe wurde eine fast doppelt so große Kompressionskraft gemessen. Zu gleichartigen Feststellungen kam auch *Friedemann* [42] beim Prüfen von DEDERON- und GRISUTEN-Hohlprofilfasern.

Zusammenfassend ergibt sich, daß die theoretisch erwartete Kompressionskraftzunahme mit wachsenden Tt-Werten der Fasern bei den meisten der untersuchten Synthesefaserarten experimentell festgestellt werden konnte. Diese Abhängigkeit ist jedoch gegenüber anderen Einflußgrößen (insbesondere Kräuselung und Präparation) weniger bedeutungsvoll. Bausche aus Viskosefasern zeigen im Vergleich zu den Prüflingen aus synthetischen Fasern ein abweichendes Verhalten, dessen Ursachen weiter zu ergründen sind.

Hinsichtlich des Kompressionskraftverlustes C_V als Maß für die relative Kompressionsbeständigkeit der Bausche ist in der Regel ein geringfügiger Anstieg mit wachsendem Tt-Wert zu beobachten. Dieser könnte auf die mit steigender Faserdicke zunehmenden Biegebeanspruchungen in den Kräuselbögen zurückgeführt werden, wobei sich die Randzonen des Faserquerschnittes in höherem Maße plastisch verformen.

5. *Vergleich unterschiedlicher Faserarten*

Aus Bild 2 war bereits zu entnehmen, daß sich Bausche aus verschiedenen Faserarten trotz annähernd gleicher Kräuselung und Feinheit der Fasern teilweise beträcht-

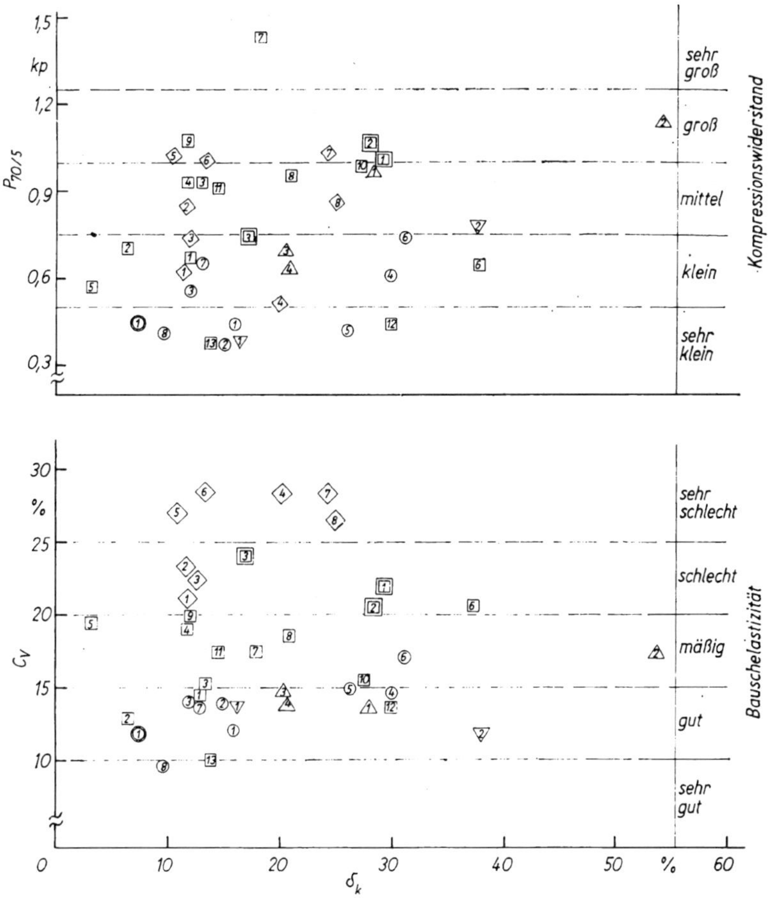

Bild 3. Kompressionskraft und Kompressionskraftverlust von Bauschen aus verschiedenen Faserarten

○ *Polyamidfasern*

1	DEDERON, rund	356 mtex
2	DEDERON, rund	440 mtex
3	DEDERON, rund	467 mtex
4	DEDERON, rund	1146 mtex
5	DEDERON, rund	1320 mtex
6	DEDERON, rund	2297 mtex
7	DEDERON, hohlprof.	440 mtex
8	RILSAN	333 mtex

△ *Polyesterfasern*

1	GRISUTEN	467 mtex
2	TERLENKA	500 mtex
3	TETORON	333 mtex
4	VESTAN-W	667 mtex

▽ *Wolle*

1	Neuseeld. Wolle	1090 mtex
2	Wolle A	644 mtex

⊡ *Mischpolymerisatfasern*

1	DYNEL	333 mtex
2	DYNEL	667 mtex
3	DYNEL	1700 mtex

◎ *Polyvinylchloridfasern*

1	PIVIACID	333 mtex

□ *Polyacrylnitrilfasern*

1	WOLPRYLA	338 mtex
2	WOLPRYLA	588 mtex
3	WOLPRYLA	876 mtex
4	WOLPRYLA-65	333 mtex
5	ANILANA	333 mtex
6	ACRILAN 16	333 mtex
7	TACRYL-N	333 mtex
8	LEACRIL-16	333 mtex
9	REDON	320 mtex
10	VONNEL	345 mtex
11	ORLON-Kabel	332 mtex
12	COURTELLE-Band	456 mtex
13	COURTELLE-Kabel	358 mtex

◇ *Viskosefasern*

1	REGAN	680 mtex
2	REGAN	760 mtex
3	REGAN	920 mtex
4	REGAN	1700 mtex
5	WILANA	500 mtex
6	WILANA	680 mtex
7	WILANA	2000 mtex
8	WILANA	2200 mtex

lich in den Druck-Verformungs-Eigenschaften unterscheiden. Bild 3 zeigt für eine größere Anzahl von Faserarten den Vergleich der $P_{70/5}$- und C_V-Werte.

Eine Zuordnung der Kompressionskraftwerte zu Aussagen über den Formänderungswiderstand der Faserstoffe kann nur unter Berücksichtigung der Entkräuselungswerte sowie der Faserfeinheit, Oberflächenbeschaffenheit und anderer Einflußgrößen erfolgen. Dabei werden die für eine bestimmte Kräuselungsintensität ermittelten hohen $P_{70/5}$-Werte stets ein Ausdruck vornehmlich hoher Biegesteifigkeit bzw. großen Verformungswiderstandes der Faserart sein, während geringere Kompressionswiderstände hauptsächlich auf kleinere Biegesteifigkeit bzw. größere Weichheit der Faserstoffe hinweisen. Danach kann zum Beispiel für den Bereich $\delta_k = 8$ bis 20% TACRYL-N als sehr harter, biegesteifer Faserstoff eingeschätzt werden, wogegen RILSAN-, DEDERON-, Woll-, PIVIACID- und COURTELLE-Fasern ausgesprochen weich und biegsam sind.

Da nach Abschnitt 2 keine offensichtliche Abhängigkeit des Kompressionskraftverlustes C_V von der Entkräuselung δ_k vorhanden ist, wird die Kompressionsbeständigkeit des Bausches vorwiegend durch das biegeelastische Verhalten und die Oberflächenbeschaffenheit der Faserstoffe bestimmt. Für Bausche aus Polyamid- und Polyvinylchloridfasern sowie Wolle ist allgemein eine gute Bauschelastizität zu verzeichnen. Dagegen sind Bausche aus Polyester- und Polyacrylnitrilfasern durch gute bis mäßige Bauschelastizität gekennzeichnet. Schlechte bis sehr schlechte Bauschelastizität zeigen Prüflinge aus DYNEL- und Viskosefasern. Die Ursache für diese schlechte Kompressionsbeständigkeit ist in der ungenügenden Formbeständigkeit dieser Faserstoffe zu suchen.

Es ist in diesem Zusammenhang interessant, die Druck-Verformungs-Eigenschaften der Bausche den von *Bobeth* und *Vollrath* [3] bei *Quetsch*beanspruchung einzelner Fasern ermittelten Deformationswerten gegenüberzustellen. *Bobeth* und *Vollrath* bestimmten mit einem mechanischen Feindickenmeßgerät die Gesamtdeformation Δd_{ges} unter bestimmter Belastung als Maß für die „Härte" bzw. den Verformungswiderstand der Fasern, weiterhin die bleibende Deformation Δd_{bl} (Plastizität) und die elastische Deformation Δd_{el} (Elastizität) nach bestimmter Erholungsdauer. Aus dem Verhältnis von elastischer und gesamter Deformation errechneten sie einen Quetsch-Elastizitätsgrad ε_a.

Der Vergleich der Druck-Verformungs-Eigenschaften von Bauschen und Einzelfasern wurde für sechs ausgewählte Faserarten mit kreisförmigen Faserquerschnittsflächen durchgeführt. Einschränkend ist darauf hinzuweisen, daß nicht in jedem Fall eine absolute Übereinstimmung der Fasertypen bezüglich der Faserfeinheit, Kräuselung und anderer Herstellungsparameter (zum Beispiel beim Vergleich von KODEL mit VESTAN) besteht.

Hohe Kompressionskraftwerte oder niedrige Werte für die Gesamtdeformation sind ein Kennzeichen für großen Verformungswiderstand bzw. große Härte der Fasern. Werden die Gesamtdeformationswerte (Belastungsbereich 0 bis 100 p) für die miteinander verglichenen Faserarten in eine Rangfolge eingeordnet, so ergibt sich nachstehende Reihung von hart nach weich:

TACRYL – GRISUTEN – KODEL – Wolle – DEDERON – RILSAN

Die entsprechende Einstufung für die $P_{70/5}$- bzw. $P_{70/1}$-Werte führt zu einer nahezu gleichen Rangfolge, wobei lediglich Wolle einen Platz nach links rückt. Der zugehörige *Spearman*sche Rangkorrelationskoeffizient ergibt sich zu $\varrho = -0{,}94$ (Korrelation mit $S = 99\%$ existent). Bei Gegenüberstellung der Absolutwerte für $P_{70/5}$ oder $P_{70/1}$ sowie Δd_{ges} wurde der Maßkorrelationskoeffizient zu $r_{xy} = -0{,}90$ (Korrelation mit mehr als $S = 95\%$ gesichert) bestimmt. Dagegen ist für den gesamten Belastungsbereich von 0 bis 635 p die Übereinstimmung zwischen $P_{70/5}$ und Δd_{ges} nur als befriedigend einzuschätzen.

Aus dem Vergleich der Versuchsergebnisse für Bauschkompression und Quetschbeanspruchung einzelner Fasern kann die Schlußfolgerung gezogen werden, daß ein enger Zusammenhang zwischen dem Kompressionswiderstand der Bausche und dem Deformationsverhalten der Einzelfasern existiert. Der Betrag der Kompressionskraft wird aber nur zum Teil durch reine Quetschbeanspruchung der Fasern bestimmt. Maßgeblichen Einfluß auf den Kompressionswiderstand der Bausche hat der Entkräuselungswiderstand der Fasern im Bausch. Dieser summiert sich vektoriell aus dem Biegewiderstand der Faserkräuselbögen und den Torsionskräften, die beim Beanspruchen verwundener Fasern auftreten. Beim Verformen der Faserkrümmungen entstehen in den Fasern Zug- und Druckspannungen, deren Beträge vom Formänderungsverhalten der Faserstoffe abhängig sind. Harte, verformungsbeständige Faserstoffe werden stets durch einen großen Entkräuselungswiderstand gekennzeichnet sein. Weiche Faserstoffe werden dagegen immer geringen Entkräuselungswiderstand besitzen. Demzufolge ist mit Notwendigkeit ein Zusammenhang zwischen dem Kompressionswiderstand des Bausches und dem Deformationswiderstand der Einzelfaser bei radialer Quetschbeanspruchung zu erwarten.

Beim Vergleich der C_V-Werte als Maß für die Bauschelastizität mit den Werten für die bleibende Deformation oder den Quetschelastizitätsgrad sind Korrelationen schwerer zu erkennen, da sich die untersuchten Faserstoffe bezüglich der bleibenden Deformation im Anfangsbereich der Belastung kaum unterscheiden. Bei einer Gesamtdeformation von $\Delta d_{ges} = 20\%$ oder auch 30% ergab sich für die bleibende Deformation Δd_{bl} sowie für den Quetschelastizitätsgrad ε_Q folgende Rangfolge von gut (niedrige Δd_{bl}- bzw. hohe ε_Q-Werte) nach schlecht:

DEDERON — RILSAN — Wolle — GRISUTEN — KODEL — TACRYL.

Dem steht die nachstehende Reihenfolge für gute bis schlechte C_V-Werte gegenüber:

RILSAN — Wolle und DEDERON — GRISUTEN — VESTAN — TACRYL.

Die Übereinstimmung ist zufriedenstellend.

Zusammenfassend kann festgestellt werden, daß die Druck-Verformungs-Kenngrößen der Bausche im gesicherten Zusammenhang zu den Formänderungseigenschaften der Faserstoffe stehen. Es ist folglich möglich, durch den Druck-Verformungs-Versuch eventuelle strukturelle Veränderungen der Faserstoffe, die mit Auswirkungen auf ihr textilphysikalisches Verhalten verbunden sind, nachzuweisen.

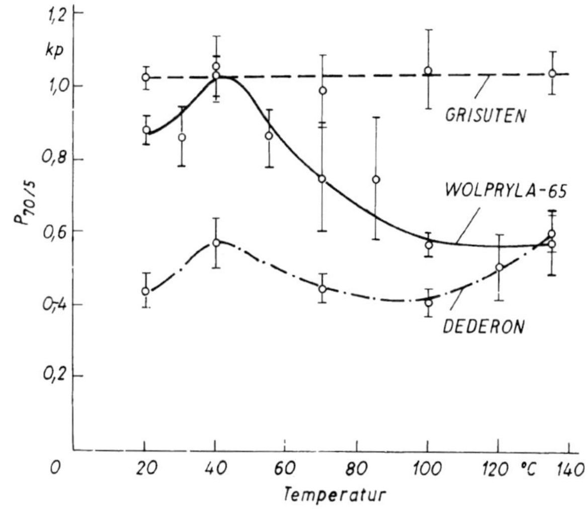

Bild 4. Zusammenhang zwischen Kompressionskraft und Behandlungstemperatur bei heißluftbehandelten Bauschen

6. *Thermische und hydrothermische Vorgeschichte synthetischer Faserstoffe*

Thermische oder hydrothermische Behandlungen können bereits weit unterhalb des Schmelz- oder Zersetzungsbereiches erhebliche Veränderungen der Verhaltensweisen von Faserstoffen hervorrufen. Durch Zuführung von Wärmeenergie erhöht sich die Schwingungsenergie der Atome bzw. Atomgruppen. Beim Erreichen der Umwandlungstemperatur zweiter Ordnung werden die nebenvalenten Bindungen der Makromoleküle in derartig große Schwingungen versetzt, daß die Entropie einer zunehmenden Anzahl nebenvalenter Bindungen einen kritischen Wert erreicht. Die gleichzeitige Anwesenheit von Quellmitteln lockert die Faserstoffstruktur zusätzlich auf, so daß bereits bei niedrigeren Temperaturen ein thermodynamisch instabiles molekulares System vorhanden ist.

Wird der Faserstoff vor der thermischen Behandlung mechanischen Beanspruchungen ausgesetzt, so ist damit ein Dehnen der nebenvalenten Bindungen verbunden. Hierdurch entstehen im Faserstoff innere Spannungen, die einen erhöhten Energieinhalt der Nebenvalenzbindungen zur Folge haben. Die nebenvalenten Bindungen der Makromoleküle sind jedoch bestrebt, den energieärmsten Zustand zu erreichen. Das kann einmal durch Faserschrumpfung erfolgen, wenn die gedehnten Nebenvalenzbindungen oberhalb der Umwandlungstemperatur zweiter Ordnung ausreichend hohe Rückstellkräfte entwickeln und die Fasern ungehindert ihre räumliche Lage verändern können. Zum anderen können die nebenvalenten Bindungen im Umwandlungsbereich auch gesprengt werden, besonders im Falle unveränderlicher Faserlage. Bei nachfolgender Abkühlung des Faserstoffes unter die Einfriertemperatur bilden sich neue stabile nebenvalente Bindungen, die durch geringen Energieinhalt gekennzeichnet sind.

Diese Vorgänge im Faserstoff sind in der Regel mit Auswirkungen auf die textilphysikalischen Eigenschaften verbunden. Nachfolgend soll untersucht werden, in welchem Maße sich die Druck-Verformungs-Eigenschaften der Bausche durch thermische Behandlungen verändern.

Prüflinge aus WOLPRYLA-65-, DEDERON- und GRISUTEN-Fasern wurden bei unterschiedlichen Temperaturen über jeweils 30 min im Trockenschrank mit Heißluft behandelt (Bild 4). Während für Bausche aus GRISUTEN-Fasern im untersuchten Bereich keine ausgeprägte

Veränderung der Kompressionskraft festzustellen ist, wird für Bausche aus WOLPRYLA-65- und DEDERON-Fasern, ausgehend von den unbehandelten Proben, zunächst ein statistisch gesicherter Anstieg der Kompressionskraft verzeichnet. Im Temperaturbereich von 40 bis 50 °C erreicht die Kompressionskraft ein Maximum. Bei weiterer Temperaturerhöhung wird bis zur Heißlufttemperatur von 100 °C ein Kompressionskraftabfall beobachtet, der bei WOLPRYLA-65 wesentlich stärker ausgeprägt ist als bei DEDERON. Augenscheinlich fällt die Abnahme der Kompressionskraft mit dem Umwandlungsbereich zweiter Ordnung zusammen. Dieser liegt nach *Sontag* [58] für WOLPRYLA-65 in den Grenzen zwischen 35 und 70 °C; für DEDERON wird eine Umwandlungstemperatur zweiter Ordnung von etwa 40 bis 45 °C angegeben [58, 59]. Im Bereich zwischen 100 und 135 °C zeigt die Kompressionskraft für Bausche aus WOLPRYLA-65 keine Veränderung, während sie für Bausche aus DEDERON einen erneuten Anstieg aufweist.

Nach Abschnitt 2 wird die Kompressionskraft der Bausche maßgeblich durch die Faserkräuselung bestimmt. *Müller* und *Hähnel* [60] stellten bei Untersuchungen an WOLPRYLA-65-Kabeln fest, daß eine Heißluftbehandlung bei 80 °C über 5 min zur Verminderung der Entkräuselung von 36% auf 18,4% führt. Nach Einwirkung von Heißluft mit einer Temperatur von 140 °C über 5 min wurden sogar nur noch Entkräuselungswerte von 7% gemessen. Es kann deshalb vermutet werden, daß die beobachtete Zu- oder Abnahme der Kompressionskraft ein Ausdruck veränderter Faserkräuselung ist.

Bild 5 zeigt den Zusammenhang zwischen der Einkräuselung von WOLPRYLA-65-Fasern (aus der gleichen Lieferung wie beim Druck-Verformungs-Versuch) und der Heißlufttemperatur. Es ist weitgehende Übereinstimmung mit der im Bild 4 dargestellten Abhängigkeit der Kompressionskraft von der Heißlufttemperatur festzustellen.

Im Bereich von 20 °C bis zur Umwandlungstemperatur zweiter Ordnung wächst die mittlere Einkräuselung der WOLPRYLA-65-Fasern von anfangs 11,5% bis auf maximal 21,4% an. Hierbei werden folgende Vorgänge im Faserstoff vermutet. Bei der Stauchkräuselung wird die Kräuselbogenform entsprechend dem Wirkungsmechanismus der Thermofixierung fixiert. Die nebenvalenten Bindungen der Polyacrylnitrilmoleküle nehmen beim Unterschreiten der Einfriertemperatur eine energiearme Lage ein. Im Anschluß an die Kabelkräuselung werden die Elementarfadenkabel jedoch in Vorbereitung des Schneidprozesses stark auf Zug beansprucht, wobei die nebenvalenten Bindungen zwischen den Polyacrylnitrilmolekülen gedehnt werden. Dabei erhöht sich der Energieinhalt dieser Bindungen. Eine nachfolgende Wärmebehandlung bewirkt deshalb bereits bei Temperaturen unterhalb des Umwandlungsbereiches zweiter Ordnung an den am stärksten beanspruchten Faserstellen — den Scheitelpunkten der Kräuselbögen — ein Erreichen der kritischen Schwingungsenergie. Das Streben nach dem Energieminimum führt an diesen bevorzugten Stellen zum Faserschrumpf, der eine Annäherung an den ursprünglichen Kräuselungszustand zur Folge hat.

Bei Heißluftbehandlung von WOLPRYLA-65 im Umwandlungsbereich sowie oberhalb des Umwandlungsbereiches zweiter Ordnung werden dagegen nicht nur die stark gedehnten nebenvalenten Bindungen in den Scheitelpunkten der Kräuselbögen durch Wärmeschwingungen energetisch überfordert, sondern auch die nebenvalenten Bindungen in den Schenkeln der Kräuselbögen. Mit fortschreitender Erwärmung der Fasern wird zunächst die oben beschriebene Regenerierung der Faserkräuselung einsetzen. Da die intensive Energiezufuhr über einen längeren Zeitraum die Entropie aller nebenvalenten Bindungen über das zulässige Maß hinaus erhöht, wird die Mikro-*Brown*sche Molekularbewegung angeregt. Die Moleküle der Polyacrylnitrilketten führen nach Sprengung der nebenvalenten Bindungen träge Rotationsschwingungen um die einzelnen C—C-Hauptvalenzbindungen aus [58]. Durch Wegfall des stabilen Systems der nebenvalenten Bindungen und gleichzeitige Einwirkung der Eigenmasse der Kräuselbögen werden die ursprünglich gekräuselten Fasern teilweise gereckt. Beim anschließenden Unterschreiten der Einfriertemperatur bilden sich neue, der jeweiligen Molekülagelage entsprechende Nebenvalenzbindungen heraus, die die nunmehr vorhandene Faserform relativ stabilisieren. Die Fasern sind danach durch geringere Kräuselungsintensität gekennzeichnet, die wiederum eine verminderte Kompressionskraft des Bausches zur Folge hat.

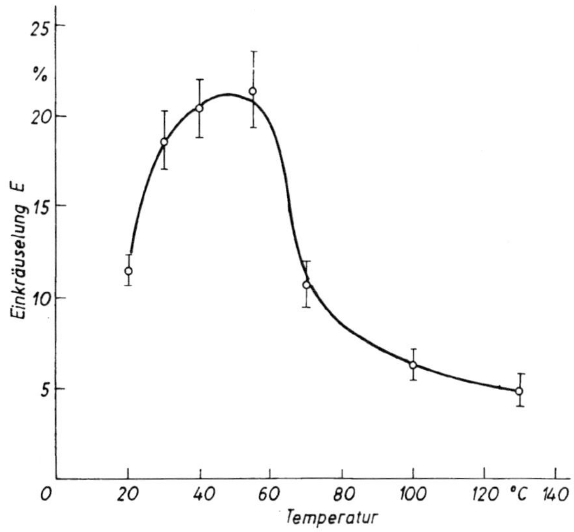

Bild 5. Zusammenhang zwischen Einkräuselung und Behandlungstemperatur bei heißluftbehandelten WOLPRYLA-65-Fasern (nach *Ungethüm* [61])

Zwischen den von *Ungethüm* [61] ermittelten Einkräuselungswerten und den Meßwerten für die Kompressionskraft der Bausche besteht eine mit mehr als $S = 95\%$ gesicherte Abhängigkeit, die durch einen Korrelationskoeffizienten $r_{xy} = +0{,}86$ ausgewiesen ist.

Die Kompressionskraft thermisch behandelter WOLPRYLA-65-Bausche wird einerseits maßgeblich durch die Faserkräuselung bestimmt, andererseits können jedoch auch Veränderungen in der Faserstoffstruktur von Einfluß sein. So fand *Weber* [62] für gekräuselte WOLPRYLA-65-Fasern eine gegenüber dem unbehandelten Zustand etwa dreifach höhere Lösezeit in Salpetersäure (50 vol.-%ig) nach Heißluftbehandlung bei 130 °C über 10 min. Die daraus ableitbare Strukturverdichtung wirkt sich wahrscheinlich auch auf das Formänderungsverhalten, insbesondere die Biegeeigenschaften, des Faserstoffes aus.

Die für WOLPRYLA-65 dargestellte Abhängigkeit der Kompressionskraft von der Faserkräuselung und die von *Ungethüm* nachgewiesenen Veränderungen der Faserkräuselung durch Heißlufteinwirkungen sind im wesentlichen auf das Verhalten heißluftbehandelter DEDERON-Fasern übertragbar. Infolge der starken Wasserstoffbrücken zwischen den Polyamidmolekülen ist die Fixierwirkung intensiver als bei WOLPRYLA-65 [58].

Dadurch bleibt das System der nebenvalenten Bindungen auch bei Erwärmung über den Umwandlungsbereich zweiter Ordnung hinaus vorerst im wesentlichen stabil. Die Beständigkeit der Fixiereffekte verhindert, daß die Eigenmasse der Kräuselbögen im gleichen Maße wie bei WOLPRYLA-65 zur Reckung der DEDERON-Fasern führt. Das Ansteigen der Kompressionskraft von DEDERON-Bauschen oberhalb von 100°C (Bild 4) ist vermutlich auf die durch Strukturverdichtung hervorgerufene Faserversteifung zurückzuführen.

Der Kompressionskraftverlust C_V steigt bei WOLPRYLA-65 mit der Behandlungstemperatur nur geringfügig an. Von *Ungethüm* [61] konnte gleichfalls keine eindeutige Abnahme der Kräuselungsbeständigkeit mit wachsender Heißlufttemperatur festgestellt werden. Bei DEDERON verhalten sich die C_V-Werte etwa ähnlich wie die $P_{70/5}$-Werte, während für GRISUTEN eine geringfügige Verbesserung der Bauschelastizität, d. h. Abnahme des C_V-Wertes, mit steigender Heißlufttemperatur im untersuchten Bereich auftrat.

Zusammenfassend ist hervorzuheben, daß durch Heißluftbehandlungen von Bauschen aus WOLPRYLA-65 Veränderungen der Kompressionskräfte ausgelöst werden, die vor allem in der Veränderung der Faserkräuselung begründet sind. Dabei ist im Bereich von 40 bis 50°C eine beträchtliche Kräuselungszunahme zu verzeichnen. Die Kräuselungsbeständigkeit wird durch diese Heißluftbehandlung nicht wesentlich beeinflußt. Da die Kräuselungsbeständigkeit von Polyacrylnitrilfasern in einigen Fällen nicht voll befriedigt, können durch erhöhte Beanspruchungen oder unsachgemäße Lagerung Kräuselungsverluste auftreten. Durch eine Warmluftbehandlung bei einer Temperatur von etwa 40°C kann dieser Verlust ausgeglichen werden, so daß keine negativen Auswirkungen in der Verarbeitung auftreten und zu befürchten sind. Dabei ist jedoch erforderlich, daß der Umwandlungsbereich zweiter Ordnung nicht überschritten wird, da sich sonst die Kräuselungsintensität stark vermindert.

7. *Fadenkonstruktion*

Bei der Verarbeitung zu Fäden werden die Faserstoffe mehrfach Zug-, Druck- und Torsionsbeanspruchungen unterworfen. Besonders bei der Drehungserteilung und beim Durchlaufen von Verzugseinrichtungen vermindert sich die für das Druck-Verformungs-Verhalten bedeutungsvolle Faserkräuselung. Die an Fadenbündeln gemessenen Kompressionskräfte können deshalb bei vergleichbarem Substanzvolumen außerordentlich niedrige Werte annehmen. Diese liegen bei den nach klassischen Spinnverfahren hergestellten Fäden in der Größenordnung der Bausche aus ungekräuselten Fasern. Texturfäden sind dagegen durch hohe Voluminösität gekennzeichnet, die meist zu großen Kompressionskraftwerten führt; sie entsprechen denen für Bausche aus stark gekräuselten, biegesteifen Fasern. Eine Mittelstellung nehmen in der Regel Hochbauschfäden aus Polyacrylnitrilfasern ein, bei denen die Voluminösität und damit die Kompressionskraft vornehmlich durch den Schrumpfeffekt bestimmt werden.

Durch Heißluft- oder Heißwasserbehandlung oder auch Dämpfen ausgelöste Schrumpfung von Hochbauschfäden ist meist mit beträchtlicher Kompressionskraftzunahme verbunden. Für Hochbauschfäden aus

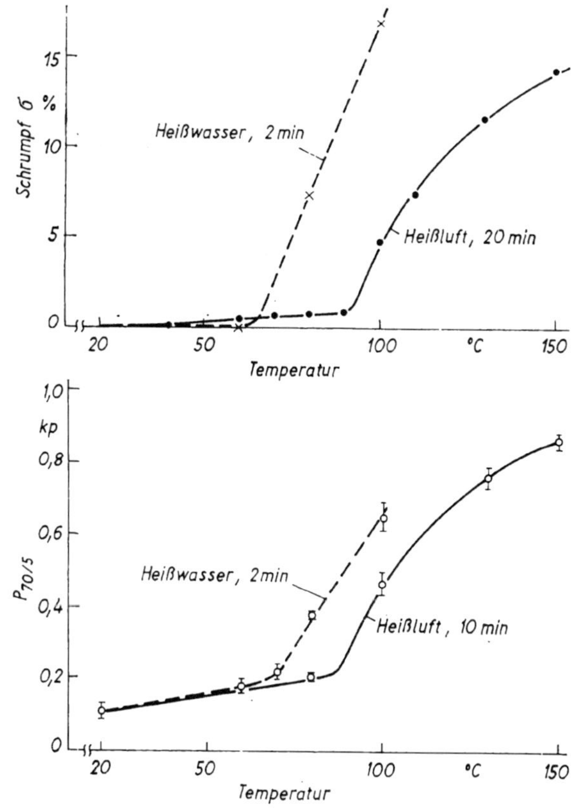

Bild 6. Abhängigkeit des Schrumpfes und der Kompressionskraft für WOLPRYLA-65-Hochbauschfäden von der Heißluft- und Heißwassertemperatur

WOLPRYLA-65 sind in Bild 6 die Abhängigkeiten der Kompressionskraft und des Fadenschrumpfes von der Heißluft- sowie Heißwassertemperatur dargestellt. Zwischen dem Fadenschrumpf σ und der Kompressionskraft $P_{70/5}$ besteht in beiden Fällen ein linearer Zusammenhang, der durch die Funktion

$$P_{70/5} = k_2 \cdot \sigma + (P_{70/5})_{\sigma=0} \quad \text{mit } k_2 = \text{Konstante}$$

gekennzeichnet ist. Bei den heißluftbehandelten Proben ist dabei gegenüber den heißwasserbehandelten Proben ein steilerer Anstieg der Geraden zu verzeichnen.

Die durch Heißluftbehandlung maximal erzielbaren $P_{70/5}$-Werte liegen trotz niedrigerer Schrumpfwerte über denen der heißwasserbehandelten Proben (Bild 6), dabei erreichen sie jedoch nicht die $P_{70/5}$-Werte der sattdampfgeschrumpften Hochbauschfäden. Wie bereits im Abschnitt 6 ausgeführt wurde, bewirkt die Anwesenheit eines Quellmittels, in diesem Fall Wassermoleküle, durch zusätzliche Auflockerung der Faserstoffstruktur ein Verschieben des Umwandlungsbereiches zweiter Ordnung zu niedrigeren Temperaturen hin. Heißwasserbehandelte Hochbauschfäden müßten demnach durch geringere Biegesteifigkeit gegenüber trockenhitzebehandelten Polyacrylnitrilfasern, bei denen der ausgelöste Schrumpf zur Gefügeverdichtung führt [59], gekennzeichnet sein. Weiterhin ist von Bedeutung, daß sich bei Entnahme der Proben aus dem Heißwasserbad die aus dem Fadenkern herausragenden Faserschlingen infolge der Adhäsionskraft des Wassers an den Fadenkern anlegen, so daß der voluminöse Charakter des geschrumpften Fadens zeitweilig beeinträchtigt wird. In diesem Zustand erfolgt jedoch das Abkühlen unter die Umwandlungstemperatur zweiter Ordnung, wobei eine gewisse Fixierung der verminderten Voluminösität eintritt. Erfolgt das Abkühlen unmittelbar im gleichen Wasserbad, so werden noch geringere Kompressionskräfte gemessen. Durch „Schockfixierung" erfolgt also offensichtlich eine Versteifung des Faserstoffes.

Für die Kompressionskraftabnahme C_K ist analog zur Kompressionskraft $P_{70/5}$ eine Abhängigkeit vom Fadenschrumpf zu verzeichnen, während die C_V-Werte für den Kompressionskraftverlust keine eindeutige Aussage zulassen.

8. *Zusammenfassung*

8.1. Die Kompressionskraft $P_{70/5}$ und die Kompressionskraftabnahme C_K nehmen mit wachsender Kräuselungsintensität zumindest bei WOLPRYLA-65-Faserbauschen linear zu. Der Zusammenhang ist für $P_{70/5}$ durch einen Korrelationskoeffizienten von $r_{xy} = +0{,}96$ gekennzeichnet und mit $S = 99{,}9\%$ gesichert. Für den Kompressionskraftverlust C_V konnte keine eindeutige Abhängigkeit von der Entkräuselung festgestellt werden.

8.2. Die Kompressionskraft wächst mit zunehmender Oberflächenrauhigkeit der Fasern. Profilierung des Faserquerschnittes führt in der Regel zur Kompressionskrafterhöhung. Faserstoffauflagerungen können auf den Faserstoff versteifend oder weichmachend wirken und dadurch eine Erhöhung oder Verminderung der Kompressionskraft hervorrufen. Klebrige Faserstoffoberflächen vermindern die Bauschelastizität.

8.3. Mit wachsender Faserdicke ist für synthetische Fasern eine geringe Kompressionskraftzunahme festzustellen. Für Viskosefasern wurde ein entgegengesetzter Verlauf gefunden, der vermutlich durch den andersartigen übermolekularen Aufbau der Viskosefasern oder auch durch Präparationsunterschiede sowie abweichende Kräuselbogen- und Faserquerschnittsform verursacht wird. Die Bauschelastizität nimmt mit wachsender Faserdicke geringfügig ab.

8.4. Der Kompressionswiderstand und die Bauschelastizität sind faserstoffspezifisch. Gegenüber Quetschbeanspruchung an Einzelfasern beständige Faserstoffarten führen zu hohen Kompressionskraftwerten.

8.5. Der Kompressionswiderstand von Bauschen aus WOLPRYLA-65 und DEDERON kann durch Heißluftnachbehandlung bis zu einer Temperatur von 50 °C erhöht werden. Dieser Kompressionskraftanstieg ist hauptsächlich auf eine teilweise Regenerierung der durch mechanische Beanspruchung während des Schneidprozesses verminderten Faserkräuselung zurückzuführen. Die Erhöhung der Kräuselungsintensität durch Heißluftnachbehandlung ist für die Verarbeitbarkeit der Fasern in der Spinnerei von praktischer Bedeutung. Heißlufttemperaturen oberhalb von 50 °C führen dagegen zu verminderten Kompressionskraftwerten, hervorgerufen durch das Abnehmen der Kräuselungsintensität beim Überschreiten des Umwandlungsbereiches zweiter Ordnung. Die Bauschelastizität von WOLPRYLA-65 und DEDERON verringert sich ebenso wie die Kräuselungsbeständigkeit der WOLPRYLA-65-Fasern mit zunehmender Heißlufttemperatur nur unwesentlich. Die Druck-Verformungs-Eigenschaften von GRISUTEN-Bauschen sind gegenüber Heißluftbehandlungen weitgehend beständig.

8.6. Das Druck-Verformungs-Verhalten von Fäden oder Fadenbündeln ist sowohl von den Deformationseigenschaften der Faserstoffe als auch von der Fadenkonstruktion abhängig. Hohe Voluminösität bewirkt große Kompressionskraftwerte. Durch hydrothermische Behandlungen ausgelöste Fadenschrumpfung ist mit beträchtlicher Kompressionskraftzunahme verbunden. Der Zusammenhang zwischen Schrumpf und $P_{70/5}$ sowie C_K ist zumindest bei Heißluft- und Heißwasserbehandlung von WOLPRYLA-65-Hochbauschfäden linear. Heißwasserbehandelte WOLPRYLA-65-Hochbauschfäden ergeben trotz höherem Schrumpf gegenüber heißluftbehandelten Proben niedrigere $P_{70/5}$-Werte; sattdampfgeschrumpfte Proben weisen die höchsten $P_{70/5}$-Werte auf.

8.7. Der Druck-Verformungs-Versuch ist besonders geeignet zur komplexen Qualitätsüberwachung bei der Herstellung von Chemiefasern, Hochbausch- und Texturfäden.

Der Verfasser ist Herrn Prof. Dr.-Ing. habil. *W. Bobeth* für Anregungen und Hinweise sehr zu Dank verpflichtet. Für die Unterstützung bei der Konstruktion und Herstellung der Prüfeinrichtung gilt der besondere Dank den Herren Dipl.-Ing. *Hanke*, Dr.-Ing. *Martin*, *Hänel* und *Gärtner* vom Institut für Technologie der Fasern. Herzlich gedankt sei auch Herrn Dipl.-Ing. *Dohrn* vom VEB Chemiefaserwerk „Friedrich Engels", Premnitz, für die Bereitstellung des Versuchsmaterials sowie Frau *Binder* und anderen Mitarbeitern an der TU Dresden für die Unterstützung bei der Versuchsdurchführung.

9. *Literatur*

Literaturstellen [1] bis [55] vgl. Teil 1: Faserforsch. u. Textiltechnik **21** (1970) 8, S. 331—332.

[56] *Fujii, K.*, *Kamijo, T.*, und *Nagatsugawa, A.*: Influence of various surfactants on physical properties of fibers. J. Soc. Textile Cellulose Ind., Japan **15** (1959) 11, S. 906—910.

[57] *Terasaki, H.*, *Sakata, Y.*, und *Katagiri, Y.*: On the measurement of compressional characteristics of fiber assembly. J. Soc. Textile Cellulose Ind., Japan **16** (1960) 9, S. 701—705.

[58] *Sontag, E.*: Ermittlung der zweckmäßigsten Prüfmethode zur Bestimmung des Umwandlungspunktes zweiter Ordnung. Diplomarbeit am Inst. für Textiltechnik der TU Dresden 1967.

[59] *Taubert, M.*: Probleme der Formstabilität und Eigenschaftsveränderungen an Polyakrylnitrilfaserstoffen infolge Wärmeeinwirkung. Großer Beleg am Institut für Textiltechnik der TU Dresden 1968.

[60] *Müller, W.*, und *Hähnel, R.-D.*: Untersuchungen an „thermofixierten" WOLPRYLA-65-Fasern ... Großer Beleg am Institut für Textiltechnik der TU Dresden 1967.

[61] *Ungethüm, E.*: Entwicklung und Erprobung einer Prüfmethode für die Bestimmung der Kräuselungsbeständigkeit von Fasern. Diplomarbeit am Institut für Textiltechnik der TU Dresden 1968.

[62] *Weber, H.*: Mikroskopische Untersuchungen zur Ermittlung von Zustandsänderungen in Polyakrylnitrilfasern. Diplomarbeit am Institut für Textiltechnik der TU Dresden 1968.

Eingegangen am 4. Mai 1970

Kurze Mitteilungen[1]

Die Depolymerisation von Polyamid 6. Trennung und Identifizierung der sauren Abbauprodukte

DK 678.675'126:547.466.3:542.952.7:661.183.123.3:542.48:542.61:543.544:543.84

Einleitung

Zur Reinigung wäßriger Lactamlösungen werden in einigen Patentschriften Kunstharzaustauscher angegeben. Dabei werden in der Hauptsache basische Verunreinigungen sowie saure Abbauprodukte durch eine Kombination von Anionen- und Kationenaustauschern aus der Lactamlösung bis auf einen Restgehalt ausgetauscht.

Durch anschließendes Eindampfen der wäßrigen Durchlauflösung sowie durch Destillation der Produkte wird reines Lactam erhalten. Von Bedeutung ist dabei die Kenntnis der chemischen Natur der bei der Depolymerisation entstehenden Nebenprodukte. Für den Reinigungsvorgang haben sich bisher nur stark basisch bzw. stark sauer wirkende Austauscher bewährt.

In der vorliegenden Arbeit wurde versucht, die sauren Abbauprodukte zu isolieren und identifizieren.

Beschreibung der Versuche

Zur Isolierung der Säuren wurde die durch Depolymerisation erhaltene wäßrige Lactamlösung über den stark basisch reagierenden Anionenaustauscher SBW geschickt, nach Durchlauf der Lösung mit wenig Wasser nachgespült und mit der vorgeschriebenen Menge (125 g NaOH/l Austauscher als 4%ige Lösung) regeneriert. Aus der Regeneratlösung wurden die Säuren mittels Wasserdampf (unter Zusatz von Phosphorsäure bis zur sauren Reaktion) übergetrieben.

Durch mehrmalige Extraktion sowohl des Destillates als auch des Rückstandes mit Äther erfolgte die Isolierung aus den wäßrigen Lösungen. Nach dem Trocknen der ätherischen Lösung und dem Abdestillieren des Äthers konnten ca. 250 g eines Säuregemisches erhalten werden.

Das Säuregemisch wurde einer fraktionierten Destillation unterworfen, und es wurden folgende vier Fraktionen erhalten:

[1]) Die Veröffentlichung der „Kurzen Mitteilungen" erfolgt unter alleiniger Verantwortung der Verfasser.

Fraktion 1: Siedebereich 100 bis 106°C Kp_{760}
Fraktion 2: Siedebereich 117 bis 125°C Kp_{760}
Fraktion 3: Siedebereich 200 bis 225°C Kp_{760}
90 bis 110°C Kp_{15}
Fraktion 4: Siedebereich 210°C Kp_{760}
100 bis 120°C Kp_{15}

Fraktion 4 erstarrte nach dem Abkühlen zu einer farblosen, kristallinen Substanz; massemäßig wurde von den einzelnen Fraktionen erhalten:

Fraktion 1: ca. 10 g	Fraktion 3: ca. 10 g
Fraktion 2: ca. 120 g	Fraktion 4: ca. 80 g

Fraktion 1 und 2 wurden durch allgemeine Reaktionen sowie papierchromatographische Methode [1] als Methan- und Äthansäure identifiziert.

Aus der Fraktion 3, einer farblosen Flüssigkeit, konnte auf Grund der geringen Menge keine analysenreine Substanz gewonnen werden. Aus der Bildung des p-Bromphenacylesters (F = 45°C), des Anilids (F = 80°C) und des p-Toluidids (F = 134°C) wurde das Vorliegen einer Hexensäure vermutet. Die papierchromatographische Methode ergab gleiche R_f-Werte wie ein aus ε-Aminocapronsäure dargestelltes Hexensäuregemisch.

Fraktion 4 erwies sich nach der Elementaranalyse sowie Vergleich der Schmelzpunkte des Amids, Anilids und des p-Bromphenacylesters mit Literaturangaben als Cyclopenten-1-carbonsäure-1.

Literatur

[1] *Churaček, J., Kopečny, F., Kuhlhavý, M.,* und *Jureček, M.:* Papierchromatographie der Carbonsäuren. V. Papierchromatographisches Trennung und Identifizierung der Fettsäuren C_1 bis C_{16} als N,N-Dimethyl-p-aminobenzolazophenacylester. Fresenius' Z. analyt. Chemie **208** (1965) S. 102—116.

Hans Clemens und *Brigitte Schulze*
VEB Chemiefaserkombinat Schwarza
„Wilhelm Pieck", Direktorat Wissenschaft

Eingegangen am 12. Mai 1970

Neue Bücher

Dynamic Mass Spectrometry. Vol. 1. Herausgeg. von *D. Price* und *J. E. Williams.* London: Heyden & Son 1970. 247 S. Kst. $ 13,50.

Das Buch enthält 17 von verschiedenen Autoren verfaßte Arbeiten, die zum größten Teil auf dem zweiten Europäischen Symposium über Flugzeit-Massenspektrometer vorgetragen wurden, das im Juli 1969 in Salford, England, stattfand. Zur Ergänzung der Vorträge wurden einige kürzere Arbeiten hinzugefügt. Außerdem wurden zu einer Reihe der Arbeiten die auf dem Symposium vorgebrachten Diskussionsbemerkungen in das Buch aufgenommen, sofern sie von allgemeinerem Interesse waren.

Die Arbeiten werden in vier Abschnitte über kinetische Untersuchungen, Ionisierungsprozesse, analytische Anwendungen sowie Allgemeines und Instrumentation unterteilt. Sie behandeln so unterschiedliche Themen wie die Feldionenmikroskopie, die Bildung negativer Ionen, die Untersuchung schneller Reaktionen und die Kopplung eines Gaschromatographen mit einem Massenspektrometer. Von besonderem Interesse für die Polymerforschung ist die Anwendung schnell registrierender, dynamischer Massenspektrometer bei der Thermoanalyse, Gaschromatographie und Pyrolyse, auf die in einigen der Arbeiten eingegangen wird. Ein weiteres interessantes Anwendungsgebiet bildet die massenspektroskopische Untersuchung der bei der Ionenätzung ablaufenden Reaktionen und der entstehenden ionisierten Fragmente.

Die beschränkte Anzahl von selbständigen Arbeiten, die in diesem Buch zusammengefaßt wurde, kann naturgemäß keinen erschöpfenden Einblick in die methodischen Grundlagen und alle Anwendungsmöglichkeiten der Flugzeit-Massenspektrometer vermitteln. Das Buch gibt vielmehr nur eine Übersicht über neuere methodische Untersuchungen und einige erzielte Ergebnisse. So wird ein auf dem Gebiet der Massenspektroskopie arbeitender Forscher in den Arbeiten viele nützliche Hinweise und Anregungen finden. Dagegen ist der Leser sicher enttäuscht, wenn er auf Grund des Buchtitels erwartet, eine Monographie vorzufinden, und wenn er sich über die allgemeinen Grundlagen der dynamischen Massenspektroskopie unterrichten will.

Neue Bücher

Eine wertvolle Ergänzung des Buches ist die von *W. K. Joy* zusammengestellte umfangreiche Bibliographie, die, nach Sachgebieten geordnet, etwa 340 Originalarbeiten und Übersichtsartikel über die Anwendung von Flugzeit-Massenspektrometern enthält. *J. Dechant*

Vergleichende Untersuchungen an Meßvorrichtungen zur fortlaufenden Ermittlung der Materialungleichmäßigkeit. Von *W. Wegener* und *H. Bechlenberg.* Forschungsberichte des Landes Nordrhein-Westfalen. Nr. 2097. Köln und Opladen: Westdeutscher Verlag 1970. 58 S. Kartoniert DM 34,25.

Bei der Gespinstherstellung läßt sich durch automatische Regelung des Verzugssystems die Materialgleichmäßigkeit verbessern. Die verschiedenen Meßsysteme zur Ermittlung der Materialungleichmäßigkeit, wie die mechanische Dickenmeßvorrichtung, die kapazitive Meßvorrichtung, die Verzugskraftmeßvorrichtung, die pneumatische Meßvorrichtung und die Durchzugskraftmeßvorrichtung, werden in ihrem prinzipiellen Aufbau und ihrer Wirkungsweise erläutert. Durch zeitgleiche Anwendung der verschiedenen Meßsysteme wurden Vergleichsuntersuchungen durchgeführt, deren Ergebnisse als Diagrammaufzeichnungen vorliegen und diskutiert werden. Durch Ermittlung von Korrelationskoeffizienten wurde eine Beurteilung der Beziehungen zwischen den Meßverfahren ermöglicht. Hierbei wäre zu bemerken, daß eventuell ein kurzer Hinweis auf die günstigste Anzahl von Meßpunkten für die Korrelationsberechnung angebracht gewesen wäre.

Der Einfluß der Feuchteunterschiede der Raumluft bzw. des Verarbeitungsgutes und der verschiedenen Faserstoffkomponenten auf die einzelnen Meßsysteme wurde eingehend untersucht. Als Ergebnis stellte sich heraus, daß das kapazitive Meßsystem für die Einrichtungen zur selbständigen Materialvergleichmäßigung im Gegensatz zu den anderen angeführten Meßsystemen praktisch ungeeignet ist. *A. Bauer*

1968 Book of ASTM Standards. Part 15. Paper; Packaging; Cellulose; Casein; Flexible Barrier Materials; Leather. Ausgabe April 1968. Herausgegeben von der American Society for Testing and Materials. 1916 Race St., Philadelphia, Pa. 19103. Baltimore (USA): American Society for Testing and Materials. April 1968. XXI, 908 S. Lwd. $ 17.00.

Beim Band 15 liegt dem Rezensenten die Ausgabe 1964 zum Vergleich vor. Es ist so feststellbar, daß die Gesamtanzahl der Standards für Papier, Verpackungsmaterialien, Cellulose, Casein, biegsame Isoliermaterialien und Leder von 171 auf 187 angestiegen ist. Dabei sind 134 Standards unverändert übernommen worden, 35 durch überarbeitete Ausgaben ersetzt, 18 völlig neu aufgenommen und 2 nicht mehr enthalten.

Den Hauptteil des Bandes 15 bilden die Standards für Papier und Pappe. 5 Gütestandards behandeln Papiere für die Elektroindustrie (D 1080, D 1305, D 1930), für die Verpackung von Zement (C 171) und Filterpapier (D 1100). Die Prüfstandards befassen sich mit der Probenahme und Prüfung von Elektroisolationspapier (D 202), der Probenahme allgemein (D 585), dem Angleichen an das Prüfklima (D 685), der Faseranalyse (D 1030), dem Kniffen von Papier für Durchlässigkeitsprüfungen (D 1027) und den Zwischenlabor-Vergleichsversuchen (D 1749), weitere Standards mit der Bestimmung der Dicke (D 527, D 645, D 2175), der Maschinenrichtung (D 528), der Azidität und Alkalität (D 548), der Opazität (D 589), der Dauerbiegezahl (D 643, D 776, D 2176), des Wassergehaltes durch Ofentrocknung (D 644) oder durch Toluoldestillation (D 2044), der Masse je Flächeneinheit (D 646), der Mineralart der Füllstoffe (D 686), des Weiterreißwiderstandes nach Elmendorf (D 689), des Fettgehaltes (D 722), der Alkali-Verfärbungszahl (D 723), der Oberflächen-Benetzbarkeit (D 724), der Siebseite (D 725), der Luftdurchlässigkeit (D 726), der Berstfestigkeit (D 774, D 2529), der Entflammbarkeit (D 777), des pH-Wertes wäßriger Extrakte (D 778), der Wasserdurchlässigkeit (D 779), des Druckfarben-Durchdringvermögens (D 780), des Eindrückens und der Steifheit (D 781), der Wasseraufnahmegeschwindigkeit (D 824), der Schichtenhaftung (D 825), des Naßeinrollens (D 826), des Einreißwiderstandes (D 827), der Zugfestigkeit (D 828), der Naßfestigkeit (D 829), der Adhäsion zwischen Papierlagen (D 918), der Kupferzahl (D 919), der Falzfähigkeit (D 920), der Paraffinwachsabsorption (D 983), des Reflexionsvermögens (D 985), der Dehnung unter Spannung (D 987), der Schichtentrennung von Pappe (D 1928), des Abschälwiderstandes von Pappe (D 1029), der Biegesteifigkeit (D 1098), der wasserlöslichen Anteile (D 1162), des Querdruckwiderstandes von Pappe (D 1164), des Glanzes (D 1 223, D 1 834), des Schimmelpilzwiderstandes (D 2020), der Silberoxydation durch Papier (D 2034), des Wasseraufnahmevermögens (D 2045) und der Reißarbeit (D 2174).

Der Bestimmung des Gehaltes an Harz (D 549), Asche (D 586), Casein (D 587), Alpha-, Beta-, und Gamma-Cellulose (D 588), Petroleumwachs (D 590), Stärke (D 591), Mineralstoffen in der Beschichtung (D 687), Pentosan (D 688, D 1787), Titandioxyd (D 921), organischem Stickstoff (D 982), reduzierbarem Schwefel (D 984), wasserlöslichem Sulfat (D 1099), Chlorid (D 1161), Zink und Kadmium (D 1224), Schmutz (D 2019), Arsen (D 2173) und Sand (D 2483) dienen eine Reihe weiterer Standards.

Mit der Terminologie (E 221) und der Prüfung von Kohlepapier befassen sich zwei Standards, so z. B. mit der Bestimmung des Einrollens (E 232) und des Gleitwiderstandes (E 254). Speziellen Untersuchungen wie z. B. der Kerosinaufnahme von Papiermaschinenfilzen (D 727), des Ausblutens asphaltierter Papiere bei höheren Temperaturen (D 917), des Abriebs von Papierhandtüchern (D 1163), der stecknadelkopfgroßen Öffnungen in fettdichtem Papier (D 1221), des Druckwiderstandes von Wellpappe (D 1225), der Tintenabsorption von Löschpapier (D 2177), des mechanisch entfernbaren Oberflächenwachses bei Wachspapier (D 2423) und des Ritzwiderstandes von Wachspapier (D 2482), oder speziellen Erzeugnissen, wie z. B. der Prüfung von gummiertem Papierband (D 773) und von analytischem Filterpapier (D 981), dient eine Reihe weiterer Standards.

Für Paraffinwachs sind auch einige Prüfstandards aufgenommen worden. Im einzelnen handelt es sich um die Bestimmung des Schmelzpunktes aus der Abkühlungskurve (D 87) und nach der Tropfmethode (D 127), der karbonisierbaren Substanzen (D 612), des Ölgehaltes (D 721), der Zugfestigkeit (D 1320), des Eindringens einer Nadel (D 1321), der Erstarrungstemperatur (D 1465), der Peroxidzahl (D 1832) und des Geruches (D 1833).

Den Güteforderungen und Prüfverfahren für Cellulose und deren Abkömmlinge gelten mehrere Standards, und zwar dem löslichen Cellulosenitrat (D 301), dem Celluloseacetatpropionat und Celluloseacetatbutyrat (D 817), dem Celluloseacetat (D 871), der Äthylcellulose (D 914), der Methylcellulose (D 1847), der Natriumcarboxymethylcellulose (D 1439), der Hydroxypropylmethylcellulose (D 2363), der Hydroxyäthylcellulose (D 2364) und der Terminologie (D 1695), weiter der Bestimmung der Kugelfall-Viskosität (D 1343), der Feuchte (D 1348), der Löslichkeit in Natronlauge (D 1696), der Kettenlängenverteilung (D 1716), der alkohol/benzollöslichen Anteile (D 1794), der Anfangsviskosität (D 1795), des Carboxylgehaltes (D 1926), des Siliziumoxydgehaltes (D 2438), des Chlorgehaltes (D 2641) sowie der chromatographischen Analyse (D 1915).

Verpackungsbehälter werden ebenfalls in einigen Standards behandelt. Sie umfassen das Angleichen an das Prüfklima (D 641), die Kompressionsprüfung (D 642), den Fallversuch (D 775, D 959, D 997), den Rollversuch in der sechseckigen Trommel (D 782), den Schiefe-Ebene-Aufschlagversuch (D 880), die Wasserdampfdurchlässigkeit (D 895, D 1008, D 1251, D 1276), den Beregnungsversuch (D 951), die Terminologie (D 996), das Eindringen von Flüssigkeiten (D 998), die Schwingprüfung (D 999), die Prüfung großer Verpackungsbehälter (D 1083), die Stoßdämpfung (D 1596), die Kriecheigenschaften (D 2221) und die Bestimmung der inneren Abmessungen (D 2658).

Der Prüfung von Casein und ähnlichen Proteinen gelten eine Anzahl Standards, und zwar im einzelnen der Probenahme (D 1697) und der Siebanalyse (D 2592) sowie der Bestimmung des Gehaltes an Asche (D 1797, D 1798), freier Säure (D 1801), Feuchte (D 1802), Stickstoff (D 1803), Öl (D 1804), Gesamtfett (D 2215), Staub (D 2528), weiter der Bestimmung der Alkalilöslichkeit (D 1800), des Geruches (D 2169), der Bakterienzahl (D 2588) und der Viskosität (D 2642).

Außerdem sind Prüfverfahren für Paletten (D 1185), für Polstermaterial in Verpackungsbehältern (D 1872) und Gütestandards für Wasser zu chemischen Prüfungen (D 1193) enthalten.

An Prüfverfahren für Leder sind die Bestimmung der Flächengröße (D 1515), der Breite (D 1516), der Farbe (D 1535), der Kontaktkorrossion an Metallen (D 1611), der Dicke (D 1813, D 1814), der Wasseraufnahme (D 1815, D 2098, D 2099), des Kältebruchwiderstandes (D 1912), der wasserabweisenden Eigenschaften (D 1913), der Farbechtheit (D 2096), der Biegebeständigkeit (D 2097), der Berstfestigkeit (D 2207, D 2210), der Zugfestigkeit (D 2208, D 2209), der Dehnbarkeit (D 2211), der Weiterreißfestigkeit (D 2212), der Zusammendrückbarkeit (D 2213), des Wärmeleitvermögens (D 2214), der Schweißbeständigkeit (D 2322), der scheinbaren Dichte (D 2346), der Flächenänderung (D 2347) sowie die Terminologie (D 1317) und das Angleichen an das Normalklima (D 1610) aufgenommen worden.

Ohne spezielle Begrenzung auf bestimmte Materialien sind einige Prüfstandards anwendbar. Es sind dies die Bestimmung der Dicke fester Elektroisolationsmaterialien (D 374), der Wasserdampfdurchlässigkeit von Materialien in Blattform (E 96), der Reflexion opaker Materialien (E 97) und der relativen Luftfeuchte (E 337).

Aus dieser Übersicht geht wohl am besten hervor, welche umfangreiche Standardisierungsarbeit von den sechs dafür verantwortlich zeichnenden ASTM-Komitees geleistet worden ist. Der Materialprüffachmann erkennt daraus, daß der Schwerpunkt auf Prüfverfahren gelegt wurde, die Aussagen über das Gebrauchsverhalten zulassen. *F. Winkler*

Diffraction of X-rays by Chain Molecules. Von *B. K. Vainshtein.* Amsterdam/London/New York: Elsevier Publ. Comp. 1966. XIII, 414 S., 258 Abb. Lwd. Dfl. 65,—.

Diese Ausgabe ist eine überarbeitete Übersetzung des 1963 in Moskau erschienenen Buches gleichen Titels. Das Buch enthält ein Vorwort von *M. F. Perutz.*

Während die Strukturbestimmung von niedermolekularen Substanzen mittels Röntgenstrahlen bereits seit Jahrzehnten recht perfektioniert ist, hat die Untersuchung von Polymeren mit Kettenmolekülen erst in jüngster Zeit brauchbare Ergebnisse gezeitigt. Die Problematik bei der Auswertung von Streudiagrammen von Proben mit Kettenmolekülen ist äußerst komplex infolge der Tatsache, daß in einer Probe meist mehrere verschiedene Anordnungen der Ketten vorliegen. Außerdem ist die mathematische Erfassung der Streufunktion recht kompliziert.

In dem Buch wird der Versuch unternommen, die vorhandenen Problemstellungen systematisch zu erfassen und die bisher beschriebenen methodischen Ergebnisse zusammenzustellen. Man kann dem Autor bescheinigen, daß ihm diese Monographie ganz ausgezeichnet gelungen ist und daß dieses Werk wohl in Zukunft in keinem Labor fehlen dürfte, in dem man Polymerstrukturuntersuchungen durchführt.

Das Buch enthält neben folgenden Kapiteln eine Zusammenfassung (4 Seiten), einen Anhang sowie ein Literatur- und Sachverzeichnis:

Kap. 1: Grundlagen der Theorie der Röntgenstrahlbeugung (34 Seiten)
Kap. 2: Strukturen von Kettenmolekülen und Zusammenlagerungen (78 Seiten)
Kap. 3: Die Beugung an einem isolierten Kettenmolekül (51 Seiten)
Kap. 4: Streuintensität und Struktur des Objektes (29 Seiten)
Kap. 5: Eigenschaften der Verteilungs- und Interferenz-Funktionen (53 Seiten)
Kap. 6: Die Beugung an Zusammenlagerungen von parallelen Kettenmolekülen (82 Seiten)
Kap. 7: Die Beugung an Zusammenlagerungen mit nichtparalleler Packung von Kettenmolekülen und an amorphen Polymeren (42 Seiten)

Anhang:
Die Beziehung der Koordinaten im Röntgendiagramm von einer Axial-Textur zu den Zylinderkoordinaten im reziproken Raum (5 Seiten)

Die Ausstattung des Buches ist sehr gut.

Ch. Ruscher

Technische Berechnungen. Spinnerei—Weberei—Wirkerei—Strickerei. (Fachbuchreihe Textil, Band 8.) Von *R. Löcker, K. Oellers* und *E. Lindemann.* Herford: Bussesche Verlagsbuchhandlung 1969. XI, 339 S. Geb. DM 44,—.

Die Autoren haben die genannten Fachgebiete in geschlossenen Abschnitten behandelt. Zunächst werden alle in der Textilindustrie gebräuchlichen Maßsysteme beschrieben. Den Feinheitsberechnungen für Garne wird breiter Raum gewidmet. Es folgen dann Spinnereiberechnungen, Zwirnberechnungen, Webereiberechnungen, Berechnungen von Maschenwaren und an Wirk- und Strickmaschinen.

In den einzelnen Sparten werden technologische Berechnungen der Erzeugnisse (Festigkeit, Materialverbrauch, Masse und Preis) und der Maschinen (Produktivität, Zahnradberechnungen, technologische Kennwerte und Maschinenparameter) durchgeführt. Die meisten Berechnungen werden anhand von Anwendungsbeispielen konkretisiert. Mehrere Getriebepläne, hauptsächlich für Spinnereimaschinen, werden durchgerechnet.

Entsprechend der Zielsetzung des Buches wurden die textilphysikalischen Eigenschaften der Faserstoffe und deren Veränderung während der Verarbeitung nicht besprochen. Sehr vorteilhaft auf den Gebrauch des Buches wirken sich Formelsammlungen und Literaturzusammenstellungen am Ende der Kapitel aus. Das Buch kann ein wertvoller Helfer in der textiltechnischen Praxis sein. *H. Fuchs*

Encyclopedia of Polymer Science and Technology. Plastics, Resins, Rubbers, Fibers. Vol. 10: Phenolic Resins to Polyelectrolytes. Hgg. von *Herman F. Mark, Norman G. Gaylord* und *Nobert M. Bikales.* New York/London/Sidney/Toronto: Interscience Publ., Wiley & Sons 1969. XIII, 861 S. Lwd. Subskriptionspreis 350 s; Einzelpreis 470 s.

Nach mehr als 100 Seiten, die dem Phenol und den Polymeren auf seiner Basis vorbehalten sind, wird der Faserforscher und Textiltechnologe im Kapitel *Phosphorus-Containing Polymers* dazu angeregt, über die Möglichkeit einer entsprechenden Modifizierung *seiner* Makromoleküle nachzudenken — nicht nur im Hinblick auf eine verbesserte Flammfestigkeit (*M. Sander,* 16 S.).

Anschließend gibt *G. Oster* eine komprimierte, von breiter Sachkenntnis getragene Einführung in *Photopolymerization and Photocrosslinking* (12 S.).

Der Artikel über *Pigments* beginnt mit einer bemerkenswerten Definition: Pigmente sind Farbträger (colorants), die relativ unlöslich in dem Medium sind, in dem sie verwendet werden sollen; sie zeigen keine Affinität zu den Substanzen, denen sie zugegeben werden; im Gegensatz zu Farbstoffen können sie transparent *oder* lichtundurchlässig sein und das Licht selektiv absorbieren oder zerstreuen. Die Arbeit informiert umfassend. Sie ist unterteilt in *Survey* (*A. P. Hopmeier,* 37 S.), *Nacreous P.* (*L. M. Greenstein,* 20 S.) und *Metallic Flake P.* (*A. J. Petro,* 6 S.).

Von großem Wert — auch für den Faserhersteller — ist das inhaltsreiche Kapitel über *Plasticizers* (*J. R. Darby* und *J. K. Sears,* 78 S.). Es imponiert durch eine Fülle von Fakten, die gut geordnet angeboten werden. Dabei steht die technologische Anwendbarkeit im Vordergrund, aber auch die theoretischen Aspekte sind fundiert berücksichtigt.

Unter *Polarography* wird die leistungsfähige Methode im Hinblick auf Polymeranalytik vorgestellt (*W. H. Jura,* 12 S.). Die Studie bietet eine Übersicht über die Theorie und die Experimentaltechnik. In einer Tabelle sind die funktionellen Gruppen aufgeführt, die sich nach dieser Methode besonders gut bestimmen lassen.

Und dann beginnen die *Poly*-Artikel. Sie fangen an mit *Polyacetals* und führen über 17 weitere Stationen, über *Polyanhydrides, Polyblends* sowie *Polycarbonates* schließlich bis *Polyelectrolytes.* Prognostiker sollten sich diese Abhandlungen ansehen.

Unser Hauptaugenmerk galt natürlich den Polyamiden. Vier Kapitel sind hierfür vorgesehen — sie machen fast ein Drittel dieses 10. Bandes aus. Die Überschneidungen sind belanglos, wenn auch zu überlegen ist, inwieweit z. B. die Probleme des Polymeraufbaus in *einem* Abschnitt zusammengefaßt werden können.

Polyamide Fibers (*O. E. Snider* und *R. J. Richardson,* fast 700 Literaturzitate, 113 S.) wird in Umfang und Inhalt diesem derzeit noch immer gewichtigsten Synthesefasertyp vollauf gerecht. Das Kapitel vermittelt viel grundlegendes Wissen, das für eine stabile Polyamidfaser-Produktion vonnöten ist. Auf technologische Details wird allerdings nicht eingegangen. Wir sind davon nicht überrascht; außerdem haben wir bekanntlich in der deutschsprachigen Fachliteratur Standardwerke, die hierüber Auskunft geben. Beeindruckend und nützlich sind die vielen Tabellen, in denen die Eigenschaften der verschiedenen Fasertypen — einschließlich derjenigen auf Basis von Co- und Pfropfcopolymeren — ausführlich zusammengestellt sind. Nur am Rande: mit der richtigen Zitierung der nichtamerikanischen Literatur klappt es nicht immer; aber man erkennt stets, was gemeint ist.

Der Überblick *Polyamide Plastics* (*E. C. Schule*, ohne Literaturzitate, 23 S.) ist offenbar besonders für den industriellen Plastverarbeiter gedacht.

Im Kapitel *Polyamides* (*W. Sweeny* und *J. Zimmermann*, 115 S.) werden dagegen polymerwissenschaftliche Gesichtspunkte bevorzugt. Es ist eine ausgezeichnete, unbedingt empfehlenswerte Arbeit, die auch dem Spezialisten noch zahlreiche Anregungen geben wird. In vergleichenden Übersichten werden darüber hinaus wertvolle Reaktions- und Eigenschafts-Parameter dargeboten.

Schließlich gibt es noch einen Abschnitt über *Polyamides From Fatty Acids* (*D. E. Peerman*, 18 S.), der für die Fachleute der Plast-, Papier- und Lederindustrie von Interesse sein dürfte.

Zusammenfassendes Urteil über die sich vervollständigende Enzyklopädie nach zehn Bänden: Nie war eine solche Arbeit so wertvoll wie heute, wo die Literatur immer umfangreicher und die Zeit immer knapper wird.

V. Gröbe

Patentschau

Auszug aus der Lieferung 3/4 und 5/6/1970 der Patentschau „Faserstoffe und Textiltechnik", Ausgabe A: Faserstoffe einschl. Kunststoffe und organ. Grundsubstanzen, zusammengestellt von der Abteilung Wissenschaftliches Berichtswesen des Instituts für Faserstoff-Forschung der DAW, 153 Teltow-Seehof, Kantstr. 55

Die Patentschau ist nach der deutschen Patentklasseneinteilung gegliedert. Es bedeuten: DDP = DDR-Patent; DBP = Deutsches Bundespatent; DAS = (West)-Deutsche Auslegeschrift; DOS = (West)-Deutsche Offenlegungsschrift; OeP = Österreichisches Patent; PoP = Polnisches Patent; SzP = Schweizer Patent; FrP = Französisches Patent; GBP = Britisches Patent; JaP = Japanisches Patent; SvP = Schwedisches Patent; SUP = Sowjetisches Patent; ČSP = Tschechoslowakisches Patent; USP = Amerikanisches Patent; A = Anmeldedatum; B = Tag der Ausgabe der Patent- bzw. Auslegeschrift.

Klasse 12o, 6. Synthetische Derivate der Kohlenhydrate u. dgl., z. B. Celluloseester, auch Viscose

JaP 20495/69. Mehrstufiges fortlaufendes Verfahren in der Gasphase. Inh.: Toho Rayon Co. Ltd. A. 14. 10. 65, B. 3. 9. 69.

Klasse 29a. Mechanische Gewinnung von Gespinstfasern

PoP 59135. Verfahren zur Schwingwergverarbeitung von geröstetem, nicht turbobehandeltem Flachsstroh und Anlage zur Anwendung dieses Verfahrens. Erf.: *Włodzimierz Müller-Czarnek* u. *Wladyslaw Rynduch*. Inh.: Instytut Przemysłu Włokien Łykowych, Poznan (Po.) A. 10. 11. 66. Kl.: 29a, 2/03.

PoP 59136. Anlage zur Entfernung der Schäbe aus verseiftem Hanf- oder Flachsstroh. Erf.: *Zbigniew Karasiński*. Inh.: Instytut Przemysłu Włokien Łykowych, Poznan (Po). A. 27. 8. 66. Kl.: 29a, 2/02.

GBP 1171931. Verfahren zur Herstellung von Röhren. Inh.: Vickers Ltd. A. 8. 9. 66, B. 26. 11. 69. Kl.: B5.B, Int. Kl.: B29d23/00. A.-Z.: 40265/66.

SUP 255475 (Urheberschein). Verfahren zur Behandlung von Fasern in der Flocke.Erf.: *A. V. Zareckij, I. F. Dankov, N. S. Jurov, V. I. Vorob'ev, A. S. Sobolev, Ju. I. Sedov, L. A. Grigorjan, I. L. Tamarčin, Ju. V. Golubev, S. V. Šešenin, N. S. Matveev, A. F. Požogin, V. G. Popov, A. I. Kalugin* u. *Ju. V. Egorov*. A. 31. 5. 68, B. 28. 10. 69. A.-Z.: 1247101/28-12. Kl.: 29a, 6/05.

JaP 20245/69. Spinndüse. Inh.: Toyo Rayon Co., Ltd. A. 3. 12. 66, B. 1. 9. 69. A.-Z.: 79126/66.

FrP 1583696 (Aj.). Neuer Textilgegenstand und dessen Realisierung. Inh.: Société Rhodiaceta. A. 19. 2. 68, B. 28. 11. 69. Int. Kl.: D 02j. A.-Z. 140387.

JaP 20505/60. Mit Schaumstoff-Flocken bedeckte Seide. Inh.: Nippon Rayon Co., Ltd. A. 2. 4. 65, B. 3. 9. 69. A.-Z.: 19844/65.

SUP 255476 (Urheberschein). Heizvorrichtung zum Erwärmen von Synthesefäden beim Recken. Erf.: *R. L. Rabkin* u. *G. A. Golubev*. Inh.: Special'noe konstruktorsko-technologičeskoe Bjuro Mašin chimičeskich Volokon. A. 1. 3. 68, B. 28. 10. 69. Kl.: 39a, 6/06. A.-Z.: 1222723/28-12.

SUP 255479 (Urheberschein). Vorrichtung zur Aufnahme des Fadens. Erf.: *Ch. Z. Regel'man*. Inh.: Leningradskij Institut tekstil'noj i legkoj Promyšlennosti Im. S. M. Kirova. A. 14. 3. 68, B. 28. 10. 69. Kl.: 29a, 6/13. A.-Z.: 1223014/28-12.

GBP 1172011. Verfahren zur Herstellung von schraubenförmig gekräuselten Fäden. Inh.: Imperial Chemical Industries Ltd. A. 22. 5. 67, B. 26. 11. 69. Kl.: B5.B, Int. Kl.: D 01f 7/06. A.-Z.: 23672/67. Entspr. SzP 477568 u. FrP 1566026.

USP 3471911. Verfahren zum Kräuseln von thermoplastischen Seiden. Erf.: *Stanley R. Nechvatal* u. *William N. Parks*. Inh.: Hercules Inc. Wilmington, Del. A. 5. 12. 68, B. 14. 10. 69. Kl.: 28-72, Int. Kl.: D 02g 1/16. 5 Anspr. A.-Z.: 781469 (ausgesch. aus Pat. m. A.-Z.: 674279. A. 10. 10. 67, vgl. auch USP 3457611. Entspr. DOS 1802389.

USP 3473315. Texturseide. Erf.: *Fred W. Le Noir*. Inh.: Allied Chemical Corp., New York, N. Y. A. 18. 3. 66, B. 21. 10. 69. Kl.: 57-140, Int. Kl.: D 02g 3/02, D 04h 1/00 u. 17/00. 8 Anspr. A.-Z.: 535480. Entspr. FrP 1519046.

USP 3482384. Reibungs-Texturiervorrichtung. Erf.: *Emil J. Berger jr.* Inh.: Turbo Machine Co., Lansdale, Pa. A. 13. 12. 67, B. 9. 12. 69. Kl.: 57-34, Int. Kl.: D 01h 13/26, 7/92 u. 7/46. 18 Anspr. A.-Z.: 690294. Entspr. DOS 1809301.

GBP 1167038. Mikroporöse Fäden. Inh.: Imperial Chemical Industries Ltd. A. 10. 8. 66, B. 15. 10. 69. Kl.: C 3.C, Int. Kl.: C 08f 47/08. A.-Z.: 35789/66.

GBP 1171962. Gezwirnte faserige Gegenstände. Inh.: Imperial Chemical Industries Ltd. A. 9. 6. 67, B. 16. 11. 69. Kl.: D 1.W, Int. Kl.: D 02g 3/02. A.-Z.: 26790/67.

Klasse 29b. Chemische Gewinnung bzw. Herstellung von Spinnfasern und Fäden sowie ihre Präparation für die textile Weiterverarbeitung

JaP 20492/69. Polymerer Viskosefaserstoff. Inh.: Mitsubishi Rayon Co., Ltd. A. 12. 10. 65, B. 3. 9. 69. A.-Z.: 62535/65.

JaP 20493/69. Polymerer Faden. Inh.: Mitsubishi Rayon Co., Ltd. A. 3. 8. 65, B. 3. 9. 69. A.-Z.: 47040/65. Entspr. SzP 475377, FrP 1488656 u. GBP 1096509.

JaP 23891/69. Polyamid-Faserstoff. Inh.: Asahi Chemical Industries Co. Ltd. A. 30. 1. 65, B. 9. 10. 69. A.-Z.: 4613/65.

JaP 25372/69. Konjugierter Polyesterfaden. Inh.: Teijin Ltd. A. 4. 12. 65, B. 25. 10. 69. A.-Z.: 74504/65. Entspr. DAS 1285666, FrP 1486035 u. GBP 1146741.

DOS 1813230. Verfahren zum Naßspinnen von Acrylnitril-Mischpolymerisaten. Erf.: *Cesare Reniu. Luigi Lugo*. Anm.: Societa Italiana Resine S. p. A. Mailand (It). A. 6. 12. 68, O. 21. 8. 69. Kl.: 29b, 3/60. A.-Z.: P 1813230. Prior.: 7. 12. 67 (It; A.-Z.: 23651 A/67).

SUP 256934 (Urheberschein). Verfahren zur Herstellung von Chemiefaserstoffen mit desinfizierenden Eigenschaften. Erf.: *V. V. Koteckij, Ju. A. Charit, L. A. Vol'f, A. I. Meos, S. A. Giller* u. *K. K. Venter*. A. 16. 11. 64, B. 11. 11. 69. Int. Kl.: D 01f. A.-Z.: 929393/23 – 5.

SUP 256935 (Urheberschein). Verfahren zur Herstellung von Spinnlösungen. Erf.: *B. E. Gol'cin, K. L. Glazomickij, E. S. Roskin, E. N. Rostovskij, V. N. Antonov, M. M. Koton, E. A. Kulev, G. P. Belonovskaja, V. V. Darrin* u. *R. M. Minkova*. Inh.: Institut vysokomolekuljarnych Soedinenij AN SSSR; u. Leningradskij tekstil'nyj Institut Im. Kirova. A. 15. 4. 63, B. 11. 11. 69. Int. Kl.: D 01f. A.-Z.: 830955/23 – 4.

USP 3483072. Verfahren zur Herstellung von glasbeschichteten Berylliumfaserstoffen und die entstehenden Produkte. Erf.: *John E. Cox* u. *Richard D. Veltri*. Inh.: United Aircraft Corp., East Hartford, Conn. A. 22. 11. 66, B. 9. 12. 69. Kl.: 161-175, Int. Kl.: D 02g 3/38.

SUP 255481. (Urheberschein) Verfahren zur Herstellung von modifizierten Faserstoffen, Folien und anderen Erzeugnissen. Erf.: *A. P. Chardin, B. P. Kučkov* u. *A. N. Smirnov*. A. 28. 2. 67, B. 28. 10. 69. Kl.: 29b, 3/70. A.-Z.: 1138789/23 – 5.

PoP 59058. Verfahren zur Erzeugung einer Spinnschmälze. Erf.: *Jan Heczko, Alicja Tomkiewicz*. Inh.: Zakłady Przemyłłu Wełnianego im. T. Rychlińskiego, Bielsko-Biała (Po). A. 14. 2. 66. Kl.: 29b, 5/01.

Klasse 32a, 37/00. Herstellung von Fasern oder Fäden aus flüssigem Glas, flüssigen Mineralien oder flüssiger Schlacke

DAS 1300643. Vorrichtung zur Herstellung von Fäden aus in der Wärme erweichbaren Materialien, beispielsweise Glas. Erf.: *Games Slayter*. Anm.: Owens-Corning Fiberglas Corp., Toledo, Ohio (US). A. 10. 3. 62, B. 7. 8. 69. Kl.: 32a, 37/04. A.-Z: P 1300643 (O 8611).

Klasse 32b. Chemische Zusammensetzung von Gläsern, Glasuren oder Emails; Oberflächenbehandlung von Glas; Verbinden von Glas mit Glas oder anderen Stoffen

USP 3464942 Zus. z. Pat. m. A.-Z.: 430487. A. 4. 2. 65. Schlichtekompositionen für Glasfaserstoffe. Erf.: *Gopadi S. Hathwar*. Inh.: Ferro Corp., Cleveland, Ohio. A. 18. 9. 67, B. 2. 9. 69. Kl.: 260-22, Int. Kl.: C 03c 25/02 u. C 08g 39/00. 3 Anspr. A.-Z.: 668747.

USP 3472682 Zus. z. Pat. m. A.-Z.: 547864. A. 5. 5. 66 u. Pat. m. A.-Z., 488268. A. 17. 9. 65. Texturierbare Glasseiden sowie Verfahren zu ihrer Herstellung. Erf.: *Gerald E. Rammel, Everett W. Taylor* u. *Clarence W. Charon*. Inh.: Owens-Corning Fiberglas Corp. A. 7. 5. 68, B. 14. 10. 69. Kl.: 117-126, Int. Kl.: C 03c 25/02. 8 Anspr. A.-Z.: 727319.

USP 3483019 Zus. z. Pat. m. A.-Z.: 405603. A. 21. 10. 64. Verfahren zum Auftragen einer Graphitbeschichtung auf Textilien aus Glasfaserstoffen. Erf.: *Earl L. Youse*. Inh.: The Joseph Dixon Crucible Co., Jersey City, N. J. A. 3. 7. 68, B. 9. 12. 69. Kl.: 117-69, Int. Kl.: C 03c 25/02. 11 Anspr. A.-Z.: 742196.

Klasse 39b. Makromolekulare Verbindungen; ihre Herstellung und chemische Verarbeitung; Massen auf der Grundlage derartiger Verbindungen

Klasse 39b 1. Polysaccharide und deren Derivate

JaP 20491/69. Viskose. Inh.: Teijin Ltd. A. 30. 9. 65, B. 3. 9. 69.

Klasse 39b 3. Synthesekautschuk

SUP 255547 (Urheberschein). Verfahren zur Erhöhung der Adhäsionsfestigkeit von Gummi auf der Basis ungesättigter Kautschuke mit Cord. Erf.: *M. G. Kaplun* u. *L. B. Tomčin*. A. 30. 5. 67, B. 28. 10. 69. Kl.: 39b, 5/18. A.-Z.: 1161160/23-5.

USP 3464878. Verfahren und Komposition zum Verbinden von Kautschuk mit Polyesterreifencord. Erf.: *Eckhard Christian August Schwarz*. Inh.: E. I. du Pont de Nemours & Co., Wilmington, Del. A. 23. 11. 65, B. 2. 9. 69. Kl.: 156 – 330, Int. Kl.: C 09j 5/00. 13 Anspr. A.-Z.: 509436. Entspr. GBP 1122117.

Klasse 39b4. Polymerisationsprodukte

DOS 1520370. Verfahren zum Abtrennen von kautschukartigen Kohlenwasserstoffpolymeren oder -copolymeren. Erf.: *Giovanni di Drusco* u. *Arturo Colamussi.* Anm.: Montecatini Edison S. p. A., Mailand (It). A. 14. 3. 64, O. 21. 8. 69. Kl.: 39b4, 1/88. A.-Z.: P 1520370 (M 60299). Prior.: 21. 3. 63 (It; A.-Z.: 5764–63). Entspr. FrP 1385969 u. GBP 1007914.

DOS 1595735. Vorrichtung zur Herstellung von makromolekularen Syntheseprodukten. Erf.: *Karl Mienes, Helmuth König* u. *Ludwig Wittrock.* Anm.: Gewerkschaft Schalker Eisenhütte, 4650 Gelsenkirchen. A. 18. 3. 66, O. 21. 8. 69. Kl.: 39b4, 1/98. A.-Z.: P 1595735 (G 46346).

SzP 482733. Verfahren zur Herstellung synthetischer Polyvinylchlorid-latices mit Teilchen von vorbestimmtem Durchmesser und vorbestimmter Durchmesserverteilung. Erf.: *Antonio Ferri, Giorgio Gatta, Giovanni Benetta* u. *Gian Pietro Talamini.* Inh.: Montecatini Edison S. p. A., Foro Buonaparte 31, Mailand (It). A. 6. 7. 67. Int. Kl.: C 08f 1/13 u. C 08f 3/30. A.-Z.: 9594/67. Prior.: 7. 7. 66 (It; A.-Z.: 15694/66). Entspr. GBP 1120410.

GBP 1167162. Herstellung von Polymeren mit Metallphthalocyaningruppen. Inh.: Dainichiseika Color & Chemicals Manufacturing Co. Ltd. A. 3. 8. 66, B. 15. 10. 69. Kl.: C3.P, Int. Kl.: C 08f 1/76. A.-Z.: 34882/66. Prior.: 6. 8. 65 (US; A.-Z.: 477846).

GBP 1171675. Verfahren zur Herstellung von Polyvinylchlorid mit geringem Emulgatorgehalt. Inh.: VEB Leuna-Werke „Walter Ulbricht". A. 17. 5. 67, B. 26. 11. 69. Kl.: C 3. P, Int. Kl.: C 08f 1/13. A.-Z.: 22843/67.

GBP 1173167. Verfahren zur Herstellung von Äthylenpolymeren und Copolymeren von Äthylen. Inh.: VEB Leuna-Werke „Walter Ulbricht". A. 26. 10. 67, B. 3. 12. 69. Kl.: C3. P, Int. Kl.: C 08f 1/06. A.-Z.: 48774/67.

USP 3464963. Verfahren zur Polymerisation von Vinylfluorid. Erf.: *James Lee Hecht* u. *Charles T. Hughes.* Inh.: E. I. du Pont de Nemours & Co., Wilmington, Del. A. 26. 8. 64, B. 2. 9. 69. Kl.: 260–92, 1, Int. Kl.: C 08f 1/06 u. 3/22. A 1nspr. A.-Z.: 392145. Entspr. FrP 1445328 u. GBP 1077728.

DOS 1420758. Verfahren zur Polymerisation von Olefinen. Erf.: *Gerrit Jan van Amerogen* u. *Franciscus Johannes F. van der Plas.* Anm.: Shell Internationale Research Maatschappij N. V., Den Haag. A. 17. 11. 59, O. 14. 8. 69. Kl.: 39b4, 3/02. A.-Z.: P 1420758 (S 65871). Prior.: 19. 11. 58 (Nd: A.-Z.: 233341).

DOS 1520234. Verfahren zur Polymerisation von Vinylmonomeren oder einer Monomerenmischung zu einem Sirup, der aus einer Lösung des Polymers im Monomeren besteht. Erf.: *Franco Sabbioni* u. *Dario Grazioli.* Anm.: Montecatini Edison S. p. A., Mailand (It). A. 3. 7. 61, O. 14. 8. 69. Kl.: 39b4, 3/66. A.-Z.: P 1520234 (M 49545). Prior.: 7. 7. 60 (It; A.-Z.: 11936–60). Entspr. SzP 428223.

DOS 1570325. Verfahren zum Aufarbeiten von Niederdruckpoly-α-olefinen. Erf.: *Albert Frese* u. *Hubertus Zitzmann.* Anm.: Chemische Werke Hüls AG, 4370 Marl. A. 2. 1. 65, O. 14. 8. 69. Kl.: 39b4, 3/02. A.-Z.: P 1570325 (C 34789).

DOS 1645152. Verfahren zur Herstellung endständig aktiver, flüssiger Polymerer. Erf.: *Ernest Jack Buckler, Douglas Cameron Edwards, Richard Helmut Wunder* u. *John Beaton.* Anm.: Polymer Corp. Ltd., Sarnia, Ontario (Ca). A. 29. 7. 66, O. 28. 8. 69. Kl.: 39b4, 3/16. A.-Z.: P 1645152 (P 40080). Prior.: 9. 8. 65 (Ca; A.-Z.: 937644, 937645).

FrP 2002544. Verfahren zum Verbessern der Verdünnungseigenschaften eines Polyvinylalkohols in Teilchen mit Wasser. Erf.: *J. E. Bristol.* Inh.: E. I. du Pont de Nemours and Co. A. 24. 2. 69, B. 19. 12. 69. Int. Kl.: C 08f 47/00. A.-Z.: 6904653. Prior.: 23. 2. 68 (US; A.-Z.: 707472)

JaP 20104/69. Äthylenpolymerisation. Inh.: Mitsubishi Petrochemical Co. Ltd. u. Kurashiki Rayon Co. Ltd. A. 27. 9. 66, B. 29. 8. 69. A.-Z.: 63990/66.

GBP 1174097. Polymere. Inh.: Dunlop Co. Ltd. A. 3. 9. 66, B. 10. 12. 69. Kl.: C 3. P, Int. Kl.: C 08f 3/34. A.-Z.: 39469/66. Entspr. FrP 1535959.

USP 3472805. Mit Kombinationen eines Phosphonates, eines Triazins und eines Thiodipropionates stabilisiertes Polypropylen. Erf.: *Paul J. Marinaccio* u. *Joseph M. Kelley.* Inh.: Dart Industries Inc., Los Angeles, Calif. A. 21. 11. 66, B. 14. 10. 69. Kl.: 260–23, Int. Kl.: C 08f 3/08 u. 45/60. 2 Anspr. A.-Z.: 595630. Entspr. FrP 1558953 u. GBP 1164889.

USP 3474080. Katalytisches Verfahren zur Polymerisation von Olefinen. Erf.: *Louis J. Rekers.* Inh.: National Distillers and Chemical Corp., New York, N. Y. A. 27. 6. 66, B. 21. 10. 69. Kl.: 260–88, 2, Int. Kl.: C 08f 3/12, 15/04 u. B 01j 11/82. 15 Anspr. A.-Z.: 560802. Entspr. FrP 1530111 u. GBP 1167951.

SUP 256242 (Urheberschein). Verfahren zum Abbrechen der Polymerisation von Styrol in der Masse. Erf.: *M. I. Barac* u. *I. M. Gil'man,* Anm.: Kuskovskij chimičeskij Zavod. A. 9. 7. 68, B. 4. 11. 69. Kl.: 39c, 25/01. A.-Z.: 1255945/23–5.

DAS 1300675. Verfahren zur Entfernung der Katalysatorrückstände aus Polyolefinen. Erf.: *Giovanni di Drusco* u. *Mario Piazza.* Anm.: Montecatini Soc. Gen. per l'Industria Mineraria e Chimica, Mailand (It). A. 7. 6. 62, B. 7. 8. 69. Kl.: 39b4, 1/97. A.-Z.: P 1300675 (M 53131). Prior.: 9. 6. 61 (It; A.-Z.: 10566). Entspr. SzP 422344 u. GBP 975685.

DAS 1301516. Verfahren zur Herstellung von Homo- und Co-Polymerisaten aus olefinisch ungesättigten Monomeren. Erf.: *Hanswilli von Brachel* u. *Fritz Engelhardt.* Anm.: Cassella Farbwerke Mainkur AG, 6000 Frankfurt-Fechenheim. A. 21. 7. 66, B. 21. 8. 69. Kl.: 39b4, 1/62. A.-Z.: P 1301516 (C 39671). Entspr. FrP 1539793 u. GBP 1129196.

DAS 1301520. Verfahren zur Reinigung von Polyolefinen. Erf.: *Luciano Luciani* u. *Piero Manaresi.* Anm.: Montecatini Edison S. p. A., Mailand (It). A. 23. 9. 64, B. 21. 8. 69. Kl.: 39b4, 1/97 (39b4, 3/02). A.-Z.: P 1301520 (M 62540). Prior.: 2. 10. 63 (It; A.-Z.: 20159). Entspr. FrP 1410548 u. GBP 1018328.

GBP 1171324. Peroxy-thiolcarbonate. Inh.: Wallace & Tiernan Inc. A. 14. 8. 67, B. 19. 11. 69. Kl.: C 2. C, Int. Kl.: C 07c 153/01. A.-Z.: 37326/67.

JaP 20757/69. Zweistufen-Strahlungspolymerisation. Inh.: Japan Atomic Energy Res. Inst. A. 3. 8. 66, B. 5. 9. 69. A.-Z.: 50502/66. Entspr. FrP 1564487.

USP 3462404. Aufbereitung von α-Olefinpolymeren und -copolymeren. Erf.: *Abner B. Stryker jr.* u. *Philip Messina.* Inh.: Dart Industries Inc. A. 4. 8. 65, B. 19. 8. 69. Kl.: 260–93, 7, Int. Kl.: C 08f 1/94, 1/88 u. 1/32. 9 Anspr. A.-Z.: 478214. Entspr. FrP 1488777 u. GBP 1148889.

DOS 1495022. Verfahren zur Herstellung von Polyolefinen mit erhöhtem Molekulargewicht und erhöhter Kristallinität. Erf.: *Enrico Cernia, Arturo Rio* u. *Natale Ercoli Malacari.* Anm.: Società Asfalti, Bitumi Cementi e Derivati, Rom. A. 5. 12. 62, O. 24. 7. 69. Kl.: 39b4, 3/04. A.-Z.: P 1495022 (A 41802). Prior.: 9. 12. 61 u. 14. 11. 62 (It; A.-Z.: 22009, 78273, 78274, 78275). A.-Z.: 22009 entspr. SzP 454464 u. GBP 1031754.

DAS 1301069. Verfahren zur Überwachung der Polymerisation von endständige C–C-Doppelbindungen enthaltenden Kohlenwasserstoffen. Erf.: *Eduard Hilbrand Adema* u. *Jakob Smidt.* Anm.: Stamicarbon N. V., Heerlen (Nd). A. 19. 7. 61, B. 14. 8. 69. Kl.: 39b4, 3/02. A.-Z.: P 1301069 (St 18097). Prior.: 20. 7. 60 (Nd; A.-Z.: 254024). Entspr. GBP 992548.

DAS 1301531. Verfahren zur Herstellung von Acrylnitrilhomo- oder -mischpolymerisaten. Erf.: *Hideji Kitagawa, Shigu Ohtsu* u. *Zenzi Izumi.* Anm.: Toyo Rayon Kabushiki Kaisha, Tokio. A. 17. 10. 64, B. 21. 8. 69. Kl.: 39b4, 3/76 (39b4, 15/38, 39b4, 19/00, 29b, 3/65). A.-Z.: P 1301531 (T 27229). Prior.: 21. 10. 63 (Ja; A.-Z.: 55875). Entspr. FrP 1412168, GBP 1074878 u. USP 3373147.

DAS 1301904. Verfahren zur Polymerisation von Fluorolefinen. Erf.: *Yutaka Kometani, Tatsushiro Yoshimura* u. *Tsuneo Fujii.* Anm.: Daikin Kogyo Co. Ltd., Osaka (Ja). A. 16. 5. 64, B. 28. 8. 69. Kl.: 39b4, 3/20. A.-Z.: P 1301904 (D 44459). Prior.: 18. 5. 63 u. 27. 12. 63 (Ja; A.-Z.: 26199, 26200 u. 70921, A.-Z.: 26200 entspr. JaP 4866/68. Vgl. auch DAS 1301903, A.-Z.: 26199 entspr. FrP 1394584 u. GBP 1004395. A.-Z.: 26200 u. 70921 entspr. FrP 1394585 u. GBP 1067068.

OeP 279164. Verfahren zur Herstellung von Vinylpolymeren. Erf.: *Luigi Patron* u. *Sergio Lo Monaco.* Inh.: Chatillon S. A. Italiana per le Fibre Tessili Artificiali S. p. A., Mailand. A. 24. 8. 67, B. 15. 6. 69. Kl.: 39b, 14. A.-Z.: 7786/67. Prior.: 24. 8. 66 (It).

OeP 279892. Verfahren und Vorrichtung zum Abziehen einer Suspension von Olefinpolymeren aus einem kontinuierlich arbeitenden Reaktor. Inh.: Solvay & Cie., Brüssel. A. 20. 2. 68, B. 15. 7. 69. Kl.: 39b, 12. A.-Z.: 1615/68. Prior.: 20. 3. 67 (Be).

DAS 1300676. Verfahren zur Herstellung von hochkristallinen, hochmolekularen Polyvinyläthern. Erf.: *Senji Nakano, Koichiro Iwasaki* u. *Hideo Fukutani.* Anm.: Mitsubishi Kasei Kogyo Kabushiki Kaisha, Tokio. A. 9. 1. 62, B. 7. 8. 69. Kl.: 39b4, 3/38 (22c, 2). A.-Z.: P 1300676 (M 51406). Prior.: 20. 1. 61 (Ja; A.-Z.: 1485). Entspr. GBP 948034 u. USP 3260698.

JaP 20753/69. Äthylenpolymeres. Inh.: Mitsubishi Petro-Chem. Co. Ltd. A. 27. 6. 66, B. 5. 9. 69. A.-Z.: 41393/66. Entspr. FrP 1529269 u. GBP 1127096.

DBP 1074265. Verfahren zur Herstellung von schlagfestem Polystyrol. Erf.: *Rudolf Praefke* u. *Heinz Osterhoff.* Anm.: Chemische Werke Hüls AG, Marl, Kr. Recklinghausen. 5. 6. 59/28. 1. 60/13. 11. 69. Kl.: 39c, 25/01. A.-Z.: C 19139.

DOS 1813735. Ungesättigtes Polyesterharzpräparat. Erf.: *Melvin E. Baum, Frank Fekete* u. *John A. Hatton.* Anm.: Koppers Co. Inc., Pittsburgh, Pa. (US). A. 18. 12. 68, O. 24. 7. 69. Kl.: 39b4, 11/02. A.-Z.: P 1813735. Prior.: 11. 12. 67 (US; A.-Z.: 689595).

DOS 1815337. Latex aus Vinylacetat-Äthylen-Mischpolymer und Verfahren zu seiner Herstellung. Erf.: *Robert de Coene* u. *Francois Lardinoit.* Anm.: Solvay & Cie. Soc. An., Brüssel. A. 18. 12. 68, O. 24. 7. 69. Kl.: 39b4, 15/02. A.-Z.: P 1815337. Prior.: 19. 12. 67 (Be; A.-Z.: 52303).

DAS 1300680. Verfahren zur Copolymerisation von Äthylen mit aliphatischen α-Olefinen. Erf.: *Giulio Natta* u. *Giorgio Mazzanti.* Anm.: Montecatini Edison S. p. A., Mailand (It). A. 21. 10. 61, B. 7. 8. 69. Kl.: 39b4, 15/04. A.-Z.: P 1300680 (M 50650). Prior.: 24. 10. 60 u. 25. 11. 60 (It; A.-Z.: 18320 u. 20478). Entspr. GBP 956875 u. SvP 301551.

DAS 1301086. Verfahren zur Copolymerisation von Äthylen mit anderen α-Olefinen oder von Äthylen und/oder anderen α-Olefinen mit Diolefinen. Erf.: *Bernhard Schleimer* u. *Heinrich Weber.* Anm.: Chemische Werke Hüls AG, 4370 Marl. A. 4. 8. 64, B. 14. 8. 69. Kl.: 39b4, 15/04 (39b4, 15/40). A.-Z.: P 1301086 (C 33567). Entspr. SzP 454466, FrP 1451585 u. GBP 1108795.

DAS 1301098. Verfahren zur Herstellung von faserbildenden Acrylnitril/Vinylacetat-Mischpolymerisaten. Erf.: *Akira Nakajima, Kenji Takeya, Masanobu Hoten* u. *Shoyo Takagi.* Anm.: Japan Exlan Co. Ltd., Osaka (Ja). A. 17. 9. 64, B. 14. 8. 69. Kl.: 39b4, 15/38 (39b4, 1/62). A.-Z.: P 1301089 (J 26562). Prior.: 17. 9. 63 (Ja; A.-Z.: 50022, JaP 1617/68, Entspr. FrP 1409607 u. GBP 1023901.

DAS 1301091. Verfahren zur Herstellung von Mischpolymerisaten. Erf.: *Corrado Mazzolini* u. *Sergio Lo. Monaco.* Anm.: Monsanto Co., St. Louis, Mo. (US). A. 8. 4. 63, B. 14. 8. 69. Kl.: 39b4, 15/40 (29b, 3/60). A.-Z.: P 1301091 (M 56435). Prior.: 11. 4. 62 (It; A.-Z.: 22365).

SzP 481150. Verfahren zur Herstellung von ungesättigten, im wesentlichen linearen Copolymeren. Erf.: *Giulio Natta, Giorgio Mazzanti, Gino Dall'Asta, Guido Sartori, Alberto Valvassori* u. *Nazareno Cameli.* Inh.: Montecatini Soc. Gen. per l'Industria Mineraria e Chimica, 1–2, Largo Guido Donegani, Mailand (It). A. 15. 10. 62, Int. Kl.: C 08f 17/00. A.-Z.: 12081/62. Prior.: 30. 4. 62 u. 24. 5. 62 (It; A.-Z.: 8594/62 u. 10340/62). Entspr. GBP 977931. A.-Z.: 10340 entspr. USP 3260708.

DOS 1817523. Verfahren zur Herstellung von chloriertem Polyvinylchlorid. Erf.: *Robert De Coene* u. *Lucien Plumet.* Anm.: Solvay & Cie. S. A., Brüssel. A. 21. 12. 68, O. 31. 7. 69. Kl.: 39b4, 27/03. A.-Z.: P 1817523. Prior.: 23. 1. 68 (Nd; A.-Z.: 68–00992).

DAS 1301093. Verfahren zur Herstellung von vulkanisierbaren sulfohalogenierten Olefin-Polymeren und -Copolymeren. Erf.: *Jacques Schwander* u. *Jean Foure.* Anm.: Solvay & Cie. Soc. An., Brüssel. A. 19. 10. 61, B. 14. 8. 69. Kl.: 39b4, 27/03. A.-Z.: P 1301093 (S 76326). Prior.: 31. 1. 61 (Nd; A.-Z.: 260666). Entspr. GBP 986642 u. USP 3258445.

DOS 1544915. Verfahren zur Herstellung von Fäden, Fasern und Folien aus Acrylnitrilpolymerisaten mit verbesserten mechanischen Eigenschaften. Erf.: *Wilhelm Brenschede, Herbert Marzolph, Alfred Nogaj, Helmut Reichardt, Alfred Reichle* u. *Martin Wandel.* Anm.: Farbenfabriken Bayer AG, 5090 Leverkusen. A. 11. 9. 65, O. 24. 7. 69. Kl.: 39b4, 29/54. A.-Z.: P 1544915 (F 47166). Entspr. SzP 469823, FrP 1513308 u. GBP 1111920.

Klasse 39b5. Polykondensations- und Polyadditionsprodukte

DOS 1545011. Verfahren zur Wärmestabilisierung von Polyoxymethylenen. Erf.: *Muneyoski Minami, Yoshizo Tsuda, Kiichiro Sando, Junzo Kashiro* u. *Kiyoshi Tamura.* Anm.: Toyo Rayon Kabushiki Kaisha, Tokio. A. 11. 10. 63, O. 24. 7. 69. Kl.: 39b5, 1/24. A.-Z.: P 1545011 (T 24879). Prior.: 11. 10. 62 (Ja; A.-Z.: 43795). Entspr. FrP 1389455, GBP 1011049 u. USP 3293220.

DAS 1300684. Verfahren zur Herstellung von Polyoxymethylenen. Erf.: *Toyokazu Matsumoto, Shigeru Kawase, Saburo Ohara* u. *Hisako Sakurai.* Anm.: Kanegafuchi Spinning Co. Ltd., Tokio. A. 15. 3. 62, B. 7. 8. 69. Kl.: 39b5, 1/04. (39b5, 53/14). A.-Z.: P 1300684 (K 46189). Prior.: 16. 3. 61 (Ja; A.-Z.: 9555). Entspr. USP 3347764.

DAS 1301546. Verfahren zum Stabilisieren von makromolekularen Polyoxymethylenen. Erf.: *Jacob Ackermann* u. *Pierino Radici.* Anm.: Società Italiana Resine S. p. A., Mailand (It). A. 30. 6. 66, B. 21. 8. 69. Kl.: 39b5, 1/24 (39b5, 37/02). A.-Z.: P 1301546 (S 104555). Prior.: 2. 7. 65 (It; A.-Z.: 15394). Entspr. FrP 1485966, GBP 1093988 u. USP 3459709

GBP 1166796. Oxymethylenpolymere. Inh.: Montecatini Edison S. p. A. A. 18. 4. 68, B. 8. 10. 69. Kl.: C 3. P, Int. Kl.: C 08g 1/04. A.-Z.: 18265/68. Prior.: 19. 4. 67 (It; A.-Z.: 795982).

USP 3468848. Polyoxymethylencopolymere von Trioxan und cyclischen Ketalen. Erf.: *Gianfranco Pregaglia, Paolo Roffian* u. *Giancarlo Pozzi.* Inh.: Montevatani Edison S. p. A., Mailand (It). A. 1. 7. 66, B. 23. 9. 69. Kl.: 260–67, Int. Kl.: C 08g 1/12. 15 Anspr. A.-Z.: 562072. Prior.: 8. 7. 65 (It; A.-Z.: 15269/65). Entspr. FrP 1485289 u. GBP 1140207.

DOS 1520056. Verfahren und Vorrichtung zum Umestern und/oder Vorpolymerisieren von Dicarbonsäureestern bzw. Verestern von Dicarbonsäuren. Erf.: *Wolf-Diether Hahn* u. *Hans Jäger.* Anm.: Metallgesellschaft AG, 6000 Frankfurt. A. 2. 7. 62, O. 7. 8. 69. Kl.: 39b5, 17/003. A.-Z.: P 1520056 (H 46251).

DAS 1301553. Verfahren zur Herstellung von Polyestern. Erf.: *Kazuo Matsuura* u. *Teiji Tsuruta.* Anm.: Nippon Oil Co. Ltd., Tokio A. 24. 8. 64, B. 21. 8. 69. Kl.: 39b5, 17/007. A.-Z.: P 1301553 (N 25410). Prior.: 24. 8. 63 (Ja; A.-Z.: 44908, JaP 26708/67). Entspr. FrP 1416402, GBP 1045469 u. USP 3337511.

DAS 1301557. Verfahren zur Herstellung von Polyestern, deren Polyestereinheit wenigstens aus 70% Polyäthylenterephthalat gebildet wird. Erf.: *Kenji Nikushina, Rei Yokouchi, Yoshimitsi Ichikawa* u. *Shizuoka Mishima.* Anm.: Toyo Rayon Kabushiki Kaisha, Tokio. A. 20. 7. 63, B. 21. 8. 69. Kl.: 39b5, 17/015. A.-Z.: P 1301557 (T 24339). Prior.: 21. 7. 62 u. 22. 12. 62 (Ja; A.-Z.: 30995 u. 56352). Entspr. FrP 1435758 u. GBP 1037256.

OeP 279172. Verfahren zur Herstellung von Polyestern und Copolyestern. Erf.: *Josef Hrach, Theodor Wimmer* u. *Hermann Zorn.* Inh.: Alpine Chemische AG, Kufstein (Tirol). A. 15. 12. 67, B. 15. 6. 69. Kl.: 39b, 22. A.-Z.: 11363/67. Entspr. DOS 1812333.

OeP 279174. Verfahren zur Herstellung von Polyestern und Copolyestern. Erf.: *Josef Hrach* u. *Theodor Wimmer.* Inh.: Alpine Chemische AG, Kufstein (Tirol). A. 15. 12. 67, B. 15. 6. 69. Kl.: 39b, 22. A.-Z.: 11365/67. Entspr. DOS 1812377.

GBP 1166274. Herstellung von Polyestern. Inh.: Snia Viscosa Soc. Nazionale Industria Applicazioni Viscosa S. p. A. A. 6. 10. 66, B. 8. 10. 69. Jl.: C 3. R, Int. Kl.: C 08g 17/08. A.-Z.: 44628/66. Prior.: 16. 10. 65 (It; A.-Z.: 23164). Entspr. FrP 1496659.

USP 3471456. Polymerisation von β-Lactonen. Erf.: *Arie Klootwijk, Johanna Maria Klootwijk* u. *Josephus H. van Deursen.* Inh.: Shell Oil Co., New York, N. Y. A. 2. 6. 67, B. 7. 10. 69. Kl.: 260–78, 3, Int. Kl.: C 08g 17/017 u. 17/02. 9 Anspr. A.-Z.: 643286. Prior.: 23. 6. 66 (Nd; A.-Z.: 6608706). Entspr. SzP 476782, FrP 1528350 u. GBP 1164186.

DAS 1301564. Verfahren zur Herstellung von synthetischen linearen Mischpolyterephthalamiden. Erf.: *Michichika Kuwabara, Kiyoshi Nawata, Kiyokazu Tsunawaki* u. *Seizaburo Sakakibara.* Anm.: Teijin Ltd., Osaka (Ja). A. 29. 12. 64, B. 21. 8. 69. Kl.: 39b5, 20/20 (39b5, 41/00, 29b, 3/60). A.-Z.: P 1301564 (T 27726). Prior.: 30. 12. 63 (Ja; A.-Z.: 71684). Entspr. SzP 443683 u. GBP 1102326.

DOS 1495311. Verfahren zur Herstellung von Polyurethanen. Erf.: *Herbert Bernstein* u. *Dahlin S. Greidinger.* Anm.: Chemicals and Phosphates Ltd.; *Herbert Berenstein* u. *Dahlin S. Greidinger,* Haifa (Is). A. 17. 7. 63, O. 19. 6. 69. Kl.: 39b5, 22/08. A.-Z.: P 1495311 (C 30462). Prior.: 1. 8. 62 (Is; A.-Z.: 17744). Entspr. GBP 1022210.

DAS 1301569. Verfahren zur Herstellung von hoch elastischen, linearen Polymerisaten. Erf.: *Eiichi Negishi, Akihiro Horike* u. *Yoshio Ishizuka.* Anm.: Teijin Ltd., Osaka (Ja). A. 2. 11. 65, B. 21. 8. 69. Kl.: 39b5, 22/18 (39b5, 41/00, 29b, 3/60). A.-Z.: P 1301569 (T 29706). Prior.: 2. 11. 64 (Ja; A.-Z.: 62198). Entspr. USP 3467626.

DOS 1545013. Verfahren zur Herstellung modifizierter Polyester. Erf.: *Yoshiaki Inamoto* u. *Takeo Shima.* Anm.: Teijin Ltd., Osaka (Ja). A. 26. 11. 63, O. 26. 6. 69. Kl.: 39b5, 25/00. A.-Z.: P 1545013 (T 25135). Prior.: 26. 11. 62 (Ja; A.-Z.: 51972).

DOS 1570561. Verfahren zur Herstellung von siliciumhaltigen Trioxan-Mischpolymerisaten. Erf.: *Wolfgang von der Emden, Kuno Wagner, Hans Niederprüm* u. *Walter Simmler.* Anm.: Farbenfabriken Bayer AG, 5090 Leverkusen. A. 15. 4. 65, O. 31. 7. 69. Kl.: 39b5, 31/00. A.-Z.: P 1570561 (F 45832). Entspr. FrP 1475411.

DOS 1520967. Verfahren zur Herstellung von zinnorganischen Hochpolymeren. Erf.: *Wilhelm Paul Neumann* u. *Horst Niermann.* Anm.: Studiengesellschaft Kohle mbH, 4330 Mülheim. A. 7. 12. 63, O. 31. 7. 69. Kl.: 39b5, 33/20. A.-Z.: P 1520967 (St 21435).

DAS 1301578. Verfahren zur Herstellung von Polybenzimidazolen. Erf.: *Yoshio Iwakura, Keikichi Uno* u. *Yoshio Imai.* Anm.: Teijin Ltd., Osaka (Ja). A. 18. 7. 63, B. 21. 8. 69. Kl.: 39b5, 33/02 (39b5, 53/14, 29b, 3/60). A.-Z.: P 1301578 (T 24324). Prior.: 20. 7. 62 (Ja; A.-Z.: 29861). Entspr. FrP 1363757, GBP 1000525 u. USP 3313783.

USP 3471455. Poly-β-lacton-Kompositionen und Verfahren zur Herstellung. Erf.: *Frederick L. Binsbergen.* Inh.: Shell Oil Co., New York, N. Y. A. 8. 5. 67, B. 7. 10. 69. Kl.: 260–78, 3, Int. Kl.: C 08g 39/00 u. C 08k 1/02. 8 Anspr. A.-Z.: 636616. Prior.: 16. 5. 66 (Nd; A.-Z.: 6606665). Entspr. FrP 1522820.

USP 3468842. Mit Phenothiazinderivaten stabilisierte Polyätherpolyurethane. Erf.: *Joseph Charles Mollica* u. *Ajaib Singh.* Inh.: American Cyanamid Co., Stamford, Conn. A. 26. 5. 67, B. 23. 9. 69. Kl.: 260–45, 8, Int. Kl.: C 08g 51/60. 5 Anspr. A.-Z.: 641446. Entspr. FrP 1563492.

Klasse 42k, 50. Textilprüfung. Verfahren, Vorrichtungen und Maschinen zum Prüfen von Fasern, Fäden, Garnen, Geweben auf ihre mechanischen und Festigkeitseigenschaften, auf Spannungen, mechanische Unregelmäßigkeiten, Drall (Drehung), Porosität

USP 3470732. Dynamisches Viskoelastometer. Erf.: *Milton Welhoelter* u. *Merrill Jenkins.* Inh.: Monsanto Co., St. Louis, Mo. A. 27. 12. 66, B. 7. 10. 69. Kl.: 73–15. 6, Int. Kl.: G 01 n 25/02, 29/00 u. G 01 m 7/00. 17 Anspr. A.-Z.: 604988.

Klasse 47k. Allgemein anwendbare Verfahren und Vorrichtungen zum Bewegen, Führen und Speichern, z. B. Wickeln von faden-, draht-, seil-, kabel-, schlauch-, band- oder bahnförmigem Gut (teilweise)

DOS 1808255. Umlenkvorrichtung für bandförmiges Material. Erf.: *Markus Güggi* u. *Josef Mächler.* Anm.: Ciba AG, Basel (Sz). A. 11. 11. 68, O. 26. 6. 69. Kl.: 47k, 3/00. A.-Z.: P 1808255. Prior.: 17. 11. 67 (Sz; A.-Z.: 16099–67).

Klasse 47k, 5/10. Lagern, Befestigen, Abheben, Wechseln der Wickelträger; Trennen des Gutes beim Wechseln der Wickelträger (teilweise)

DOS 1804215. Verfahren und Vorrichtung zum Aufwickeln einer kontinuierlichen Materialbahn. Erf.: *Viggo Rasmus Hansen* u. *Per Juel Hagemeister.* Anm.: C. A. Harnden Ltd. Hyde, Cheshire (GB). A. 17. 10. 68, O. 26. 6. 69. Kl.: 47k, 5/10. A.-Z.: P 1804215. Prior.: 9. 11. 67 (Dä; A.-Z.: 5582).

Klasse 55b. Verfahren zur Herstellung von Zellstoff, Zellstoffkocher, Wiedergewinnung der Ablauge und Abgase

USP 3470061. Natriumpolysulfid-Zellstoffaufschlußverfahren und -Rückgewinnung. Erf.: *Richard G. Barker.* Inh.: Union Camp Corp., New York, N. Y. A. 3. 3. 67, B. 30. 9. 69. Kl.: 162–32, Int. Kl.: D 21c 11/12 u. 3/26. 5 Anspr. A.-Z.: 620288.

Klasse 55c. Bleichen, Leimen, Färben, Füllen, Beschweren von Papierstoff und Zellstoff, Holländer, Stoffmühlen, Zellstoffaufschließer (teilweise)

USP 3462344. Überbleichen von Holzzellstoffen. Erf.: *Robert R. Kindron* u. *George W. Houg.* Inh.: FMC Corp., New York, N. Y. A. 31. 5. 66, B. 19. 8. 69. Kl.: 162–72, Int. Kl.: D 21c 9/16 u. 9/10. 12 Anspr. A.-Z.: 553667.

Literaturschau

Auszug aus Lieferung 11 und 12/1970 der Referatekartei „Faserstoffe und Textiltechnik", zusammengestellt von der Abteilung Wissenschaftliches Berichtswesen des Instituts für Faserstoff-Forschung der DAW, 153 Teltow-Seehof, Kantstr. 55

I. Wissenschaftliche Grundlagen

Allgemeines

(Untersuchungsmethoden u. a.)

Krauß, M., Büttner, H.: Temperiereinrichtung für die Infrarotspektroskopie. Jenaer Rdsch. **15** (1970) Messe-Sonderheft, S. 92–94.

Schieck, O.: Die SPEKOL-Gerätegruppe. Jenaer Rdsch. **15** (1970) Messe-Sonderheft, S. 77–80.

Pazsitka, L., Bertram, R.: Beiträge zur Hochfrequenztitration. Meßtechnik **78** (1970) 4, S. 76–79.

Thomas, D. G., Hayes, P. H.: Wärmeübertragende Oberflächen für Hochleistungen. IEC. Ind. engng. Chem. **62** (1970) 2, S. 4–9.

Physik und Chemie der Hochpolymeren

Taran, Ju. A.: Untersuchung der Dynamik von Polymerketten nach der Monte-Carlo-Methode. Dokl. Akad. Nauk SSSR (Ber. Akad. Wiss. UdSSR) **191** (1970) 6, S. 1330–1332.

Halász, L., Mondvai, I.: Anwendung einer allgemeinen Viskositätsgleichung zur Bestimmung der vom Gerät unabhängigen rheologischen Parameter. I. II. Period. polytechn. chem. Engng., Budapest **13** (1969) 4, S. 327–336, 337–349. (dt.)

Gul', V. E., Genel', S. V., Fomina, L. L.: Über den Einfluß mikrorheologischer Vorgänge auf die Adhäsion von Schichtfolien. Mech. Polimerov, Riga (Mech. der Polymeren) **6** (1970) 2, S. 203–208.

Imai, S.: Hydrodynamische Eigenschaften von starren linearen und cyclischen Polymeren. J. chem. Physics **51** (1969) 5, S. 1732–1741.

Williams, T., Udagawa, Y., Keller, A., Ward, I. M.: Bestimmung der Streuung der relativen Molekülmasse bei engen Maxima in Gelchromatogrammen des mit Salpetersäure abgebauten Polyäthylens. J. Polymer Sci., A-2: Polymer Physics **8** (1970) 1, S. 35–45.

Marcinčin, A., Pikler, A., Repka, J.: Der Einfluß der Polyäthylenglykole auf das Sinken der relativen Molekülmasse von Polyäthylenterephthalat. Chem. Vlákna, Svit (Chem. Fasern) **20** (1970) 1, S. 5–8.

Pechočova, M.: Beitrag zur Bewertung der relativen Molekülmasse und der Polymolekularität von Polypropylen, wie es zur Herstellung von Fasern verwendet wird. Chem. Vöákna, Svit (Chem. Fasern) **20** (1970) 1, S. 9–22.

Marcinčin, A., Marcinčinova, T., Repka, J., Pikler, A.: Oberflächenspannung von Polyäthylenglykolen und Polyäthylenterephthalat. Chem. Vlákna, Svit (Chem. Fasern) **20** (1970) 1, S. 1–4.

Krause, S.: Mikrophasentrennung bei Blockcopolymeren. Zeroth-Näherung unter Einschluß der freien Oberflächenenergie. Macromolecules, Washington **3** (1970) 1, S. 84–86.

Wroclawska, W.: Messungen der Doppelbrechung bei Chemiefasern nach der Interferenzmethode. Przegl. włókienn. (Textil-Rdsch.) **24** (1970) 2, S. 53 bis 55.

Janeschitz-Kriegl, H.: Strömungsdoppelbrechung von viskoelastischen Polymersystemen. Advances Polymer Sci./Fortschritte der Hochpolymeren-Forsch. **6** (1969) 2, S. 170–318.

Soboda-Čačkovic, J., Hosemann, R., Wilke, W.: Kernresonanzuntersuchungen an verstrecktem und getempertem linearem Polyäthylen. Kolloid-Z. u. Z. Polymere **235** (1969) 2, S. 1253–1260.

Verma, G. S. P., Peterlin, A.: Untersuchung mechanisch gereckter Polyamid-6-Faserstoffe durch Elektronenspinresonanz. Kolloid-Z. u. Z. Polymere **236** (1970) 2, S. 111–115. (engl.)

Danz, R., Dechant, J., Ruscher, Ch.: Ultraspektroskopische Untersuchungen über den Ordnungszustand von Polyäthylenterephthalat. Faserforsch. u. Textiltechnik **21** (1970) 6, S. 251–254.

Gračev, V. I., Bezprozvannych, A. V., Selkunov, N. G., Klimenko, I. B., Kirilenko, Ju. K., Vol'f, L. A.: Untersuchung der dehydrochlorierten PVX-Fäden bzw. -Folien und deren Modifikationen mit Hilfe der IR-Spektroskopie. Z. prikl. Chimii (Z. angew. Chemie) **43** (1970) 3, S. 633 bis 638.

Anderson, C. A., Lipson, M.: Raster-Elektronenmikroskopie von Faserquerschnitten. Textile Res. J. **40** (1970) 1, S. 88–90.

Gieniewski, C., Moore, R. S.: Elementarzelle der pseudomonoklinen kristallinen Komponente in Polyäthylen. Macromolecules, Washington **3** (1970) 1, S. 97–98.

Benedetti, E., Pedone, C., Allegra, G.: Eine Modellverbindung für Polyisobutylen. Die Kristallstruktur von 2,2,4,4-Tetramethyladipinsäure. Macromolecules, Washington **3** (1970) 1, S. 16–19.

Sakurada, I., Kaji, K., Nakamae, K., Wadano, S.: Experimentelle Bestimmung von Elastizitätsmoduli der kristallinen Bereiche in senkrechter Richtung zur Kettenachse an orientierten Polymeren. V. Polyäthylenterephthalat und seine Copolymeren. Kobunshi Kagaku, Tokyo (Chem. High Polymers) **26** (1969) 296, S. 823–832. (jap., engl. Zusammenfass.)

Kotomina, I. N., Serkov, A. T.: Einfluß der Spinnbedingungen auf die allgemeine Molekülorientierung des ungereckten Viskosefadens. 1. Mitt. Chim. Volokna (Chem. Fasern) (1970) 2, S. 43–46.

Kasatočkin, V. I., Kargin, V. A.: Über die thermische Umwandlung von orientiertem Polyacrylnitril. Dokl. Akad. Nauk SSSR (Ber. Akad. Wiss. UdSSR) **191** (1970) 5, S. 1084–1087.

Hebert, J. J., Giardina, R., Mitcham, D., Rollins, M. L.: Der Einfluß der Windungen auf Orientierungsmessungen in Baumwollfasern. Textile Res. J. **40** (1970) 2, S. 126–129.

Kavesh, S., Schultz, J. M.: Lamellare und zwischenlamellare Struktur bei aus der Schmelze kristallisiertem Polyäthylen. I. Kristallinitätsgrad, Lage der Atome, Teilchengröße und Gitterdefekte erster und zweiter Art. J. Polymer Sci., A-2: Polymer Physics **8** (1970) 2, S. 243–276.

Ofran, M., Weinreb, A.: Strukturveränderungen in Polystyrolfilmen und entsprechende Veränderungen ihrer Fluoreszenzspektren. J. Polymer Sci., A-2: Polymer Physics **8** (1970) 1, S. 161–165.

Schönherr, F.: Über Zusammenhänge zwischen Konformationszustand und Kristallinität von Polyäthylenterephthalat. Faserforsch. u. Textiltechnik **21** (1970) 6, S. 246–250.

Vlasov, S. V., Sagalaev, G. V., Gavrilov, V. V.: Getrennte biaxiale Orientierung von Polypropylenfolien. Plast. Massy, Moskva (Plast. Massen) (1970) 3, S. 23–24.

Booth, C., Dodgson, D. V., Hillier, I. H.: Die Kristallisation von Fraktionen von partiell isotaktischem Polypropylenoxid. Polymer. London **11** (1970) 1, S. 11/20.

Čačkovic, H., Hosemann, R.: Loboda-Čačkovic, J., Wilke, W.: „Kristallartige" Ketten (α-Typ) in der „amorphen" Phase des linearen Polyäthylens. Kolloid-Z. u. Z. Polymere **235** (1969) 2, S. 1287–1288.

Kovarskij, A. L., Vasserman, A. M., Bučačenko, A. L.: Untersuchung der Kristallisationskinetik von Polyäthylenterephthalat mit Hilfe einer paramagnetischen „Markierung". Vysokomol. Soed. (Hochmol. Verbind.) Serie B: Kratkie Soobšč. (Kurzmitt.) **12** (1970) 3, S. 211–214.

Prosvirin, V. I.: Beeinflussung von Polymethylmethacrylat durch sich zyklisch ändernde Temperaturen bei der anschließenden Belastung. Mech. Polimerov, Riga (Mech. der Polymeren) **6** (1970) 2, S. 339–344.

Juilfs, J., Reiter, H.: Die Beschreibung des Deformationsverhaltens fadenförmiger Hochpolymerer durch Modulfunktionen am Beispiel gammabestrahlter Substanzen. Kolloid-Z. u. Z. Polymere **236** (1970) 2, S. 125 bis 129.

Šišova, I. S., Utjugova, M. F., Južin, V. M., Matveeva, E. N., Semencov, A. D., Martynov, M. A.: Alterung von mehrfach verarbeitetem Polypropylen. Plast. Massy, Moskva (Plast. Massen) (1970) 3, S. 39–40.

Leksovskij, A. M., Regel', V. R.: Studium des Wachstums von Magistralrissen in Polymeren bei statischem und wiederholtem Zug. Mech. Polimerov. Riga (Mech. der Polymeren) (1970) 2, S. 253–265.

Maksimov, R. D., Uržumcev, Ju. S.: Vibrationskriechen von Polymerstoffen. 4. Polyurethan. Einfacher gespannter Zustand. Mech. Polymerov, Riga (Mech. der Polymeren) **6** (1970) 2, S. 223–232.

Pokrovskij, V. N., Čubisov, M. A.: Theorie des viskoelastischen Verhaltens von regelmäßigen Polymernetzwerken mit beständigen vier Polymerketten verbindenden Netzknoten. Mech. Polimerov, Riga (Mech. der Polymeren) (1970) 2, S. 209–216.

Hayahara, T., Takao, S., Kishimoto, S.: Dimensionsänderungen von Acrylnitrilcopolymeren während der Koagulation. Textile Res. J. **40** (1970) 2, S. 93–101.

Ide, F., Kodama, T., Hasegawa, A.: Untersuchungen von ionisch-vernetztem Polystyrol. I. Vernetzung von Styrol/Methacrylsäure-Copolymeren in Emulsionen. Kobunshi Kagaku, Tokyo (Chem. High. Polymers) **26** (1969), 296, S. 863–872.

Reinisch, G., Ulrich, H.-H.: Zur Reaktion von Polycaprolactam mit Formaldehyd. Teil III. Kinetik der Formaldehydaufnahme und der Hydroxymethylgruppenabspaltung. Faserforsch. u. Textiltechnik **21** (1970) 6, S. 232–236.

Ide, F., Kodama, T., Hasegawa, A., Yamamoto, O.: Untersuchungen an ionisch vernetztem Polystyrol. II. Beziehungen zwischen Polymerstruktur und einigen physikalischen Eigenschaften. Kobunshi Kagaku, Tokyo (Chem. High Polymers) **26** (1969) 296, S. 873–882. (jap., engl. Zusammenfass.)

Sewell, P. A., Skirrow, G.: Ein konduktometrisches Verfahren zur Messung der Diffusionskoeffizienten von Wasser in Polymerfilmen. Polymer, London **11** (1970) 1, S. 2–10.

Barambojm, N. K., Kurdubov, Ju. F.: Gerät für die turbidimetrische Analyse. Zavodsk. Labor., Moskva (Betriebslabor) **36** (1970) 3, S. 281–282.

Coll, H., Gilding, D. K.: Universelle Eichung bei der Gelchromatographie: Eine Untersuchung von Polystyrol, Poly-α-methylstyrol und Polypropylen. J. Polymer Sci., A–2: Poylmer Physics **8** (1970) 1, S. 89–103.

Fuge, Ch., Hummel, K.: Ein Modell der Gelchromatographie. Kolloid-Z. u. Z. Polymere **236** (1970) 2, S. 142–147.

Vol'f, L. A., Chislawskij, A. G., Plotnikov, R. I., Žodzišskij, G. A.: Quantitative Bestimmung einiger Elemente in Chemiefaserstoffen mit Hilfe eines radioaktiven Isotops. Chim. Volokna (Chem. Fasern) (1970) 2, S. 32–33.

Andrukovič, P. F.: Anwendung des Verfahrens der Hauptkomponenten bei der Regressionsanalyse. Zavodsk. Labor., Moskva (Betriebslabor) **36** (1970) 3, S. 312–316.

Gindin, L. G., Ravič, I. Ja., Toropceva, T. N., Lidorenko, N. S.: Elektronenphonone Optimierung einiger Polymerer. Dokl. Akad. Nauk SSSR (Ber. Akad. Wiss. UdSSR) **190** (1970) 6, S. 1374–1377.

David, C., Demarteau, W., Derom, F., Geuskens, G.: Radiolyse und Photolyse von Polyphenylvinylketon. Polymer, London **11** (1970) 1, S. 61–63.

Dehoust, O.: Über den elektrischen Leitungsmechanismus in Polyäthylen. Kolloid-Z. u. Z. Polymere **235** (1969) 2, S. 1271–1280.

Gregory, J.: Ausflocken von Polystyrolteilchen mit kationischen Polyelektrolyten. Trans. Faraday Soc. **65** (1969) 560, Teil 8, S. 2260–2268.

Bolewski, K., Tomaszkiewicz, T., Olbracht, M.: Fraktionierung von Methylmethacrylat/Methacrylsäure-Copolymeren im Schaumzustand. Polimery, Warszawa **15** (1970) 1, S. 15–16.

Physik und Chemie der Monomeren und Oligomeren

Levitanajte, R. L., Gorodeckij, I. Ja., Kagan, S. Z., Truchanov, V. G., Kožin, P. E., Legočkina, L. A.: Anwendung mechanischer Extraktionstürme mit asymmetrisch aufgestelltem Rotor für zweistufiges Extrahieren von Caprolactam. Chim. Prom. (Chem. Ind.) (1970) **4**, S. 32(272) bis 35(275).

Sandell, L. S., Goring, D. A. I.: Ein Vergleich der Grenzviskosität von oligomeren Polypropylenglykolen mit dem für Modelle in wäßriger Lösung bei 25 °C vorausgesagten Verhalten. Macromolecules, Washington **3** (1970) 1, S. 50–54.

Polymerisation

Neuer Mechanismus erklärt die Bildung alternierender Copolymerer. Chem. engng. News **48** (1970) 10, S. 52.

Beránek, L., Setinek, K.: Isolierung von Terephthalsäure aus ihrem Kaliumhydrogensalz mittels Schwefeldioxid. Chem. Prûm., Praha (Chem. Ind.) **20 (45)** (1970) 4, S. 164–167.

Devjatych, G. G., Umilin, V. A., Isaičeva, L. V.: Zur Frage der Reinigung von Vinylacetat durch Gegenstrom-Kristallisation. Ž. prikl. Chimii (Z. angew. Chemie) **43** (1970) 4, S. 936–938.

Koršak, V. V., Vinogradova, S. V., Vasner, V. A.: Über zwei Mechanismen der Acylierungsreaktion. Dokl. Akad. Nauk SSSR (Ber. Akad. Wiss. UdSSR) **191** (1970) 3, S. 614–616.

Yamazaki, N.: Elektrolytisch ausgelöste Polymerisation. Advances Polymer Sci./Fortschritte Hochpolymeren-Forsch. **6** (1969) 3, S. 377–400. (engl.)

Tazuke, S.: Photosensibilisierte Ladungsübertragungspolymerisation. Advances Polymer Sci./Fortschritte Hochpolymeren-Forsch. **6** (1969) 3, S. 321–346. (engl.)

Zimmermann, H., Schaaf, E.: Modelluntersuchungen über die katalytische Wirksamkeit von Antimonverbindungen bei der Polyäthylenterephthalatbildung. Faserforsch. u. Textiltechnik **21** (1970) 6, S. 242–246.

Kozyreva, N. M., Fedotova, O. Ja., Kerber, M. L., Kolesnikov, G. S.: Synthese und Untersuchung von aromatischen Polyamiden. Vysokomol. Soed. (Hochmol. Verbind.) Serie B: Kratkie Soobšč. (Kurzmitt.) **12** (1970) 3, S. 230–234.

Palma, G., Busulini, L., Lora, S.: Anwendung eines kalorimetrischen Verfahrens bei der strahlungsinduzierten Polymerisation. I. Bestimmung der Wachstums- und Abbruchsgeschwindigkeitskonstanten für Methylmethacrylat. European Polymer J. **6** (1970) 3, S. 453–470.

Nikolaev, A. F., Belogorodskaja, K. V., Romanova, O. S.: Polymerisation von Methylmethacrylat in der durch das Kaliumsalz der Poly-N-vinylamidobernsteinsäure gebildeten Emulsion. Ž. prikl. Chimii (Z. angew. Chemie) **43** (1970) 4, S. 866–870.

Velea, I., Cornilescu, D., Wexler, T., Ortenberg, F., Adamescu, G., Ienibace, M., Jucan, A., Hobincu, A.: Beiträge zur Stabilisierung von Emulsions-Polyvinylchlorid. Materiale plast., București **7** (1970) 1, S. 9–13.

Jakobson, F. I., Amerik, V. V., Petrova, V. F., Stejnbak, V. S., Ivanjukor, D. V.: Herstellung von Blockcopolymeren des Propylens mit α-Olefinen. Plast. Massy, Moskva (Plast. Massen) (1970) 3, S. 11–13.

Bort, D. N., Višnevskaja, I. N., Kargin, V. A.: Über die Morphologie der bei der Polymerisation von Vinylidenchlorid in der Masse entstehenden übermolekularen Gebilde. Vysokomol. Soed. (Hochmol. Verbind.) Serie B: Kratkie Soobšč. (Kurzmitt.) **12** (1970) 3, S. 176–179.

Ostrovskij, V. E., Chodžemirov, V. A., Barkova, A. P.: Polymerisationswärme von Äthylenoxid und Polymerisationskinetik in Gegenwart von festem KOH. Dokl. Akad. Nauk SSSR (Ber. Akad. Wiss. UdSSR) **191** (1970) 5, S. 1095–1098.

Smirnov, Ju. N., Volkov, V. P., Iržak, V. I., Enikolopjan, N. S.: Polymerisation von Trioxan in Gegenwart von Tritylhexafluorantimonat. Dokl. Akad. Nauk SSSR (Ber. Akad. Wiss. UdSSR) **190** (1970) 6, S. 1403–1406.

Nametkin, N. S., Kožuchova, I. N., Fillipova, V. P., Durgar'jan, S. G.: Copolymerisation von Allyltrimethyl(phenyl)silanen mit Acrylnitril. Vysokomol. Soed. (Hochmol. Verbind.) Serie B: Kratkie Soobšč. (Kurzmitt) **12** (1970) 3, S. 180–182.

Grassie, N., Meldrum, I. G.: Friedel/Crafts-Polymere. 3. Copolymerisationsprodukte von p-Dichlormethylbenzol mit Benzol. 4. Copolymerisationsprodukte von p-Dichlormethylbenzol mit Diphenylmethan. European Polymer J. **6** (1970) 3, S. 499–511; 513–524.

Fisher, M., Szwarc, M.: Wachstumskinetik von lebendem Poly-2-vinylpyridin. Macromolecules, Washington **3** (1970) 1, S. 23–27.

Kaplan, A. M., Kirjuchin, D. P., Barkalov, I. M., Gol'danskij, V. I.: Über das „Erstarren" von Polymerketten und die Kinetik der Nachpolymerisation von der polymorphen Tieftemperatur-Modifikation von Acrylnitril in fester Phase. Dokl. Akad. Nauk SSSR (Ber. Akad. Wiss. UdSSR) **190** (1970) 6, S. 1387–1390.

Shimura, Y.: Synthese und Reaktionen von α,ω-difunktionellen Polystyrolen. Teil I. Synthese von α,ω-difunktionellen Polystyrolen. Kogyo Gijutsuin Sen'i Kogyo Shikensho Kenkyo Hokoku, Yokohama (Bull. Textile Res. Inst. jap. Government) **87** (1969) 6, S. 5–10. (jap., engl. Zusammenfass.)

Bello, A., Bracke, W., Jagur-Grodzinski, J., Sackmann, G., Szwarc, M.: Polyhexamethylphosphoramid und seine Copolymeren. Macromolecules, Washington **3** (1970) 1, S. 98–100.

Sonderfragen

Lincke, G.: Über die Bindung der Küpenfarbstoffe an Cellulose. Textilindustrie, Mönchengladbach **72** (1970) 4, S. 291–293.

II. Faserstoffe. Ausgangsstoffe usw.

Coan, St. F. G.: Polyester/Baumwoll-Mischungen in den USA. Textile Month (1969) 12, S. 107, 109.

Naturfaserstoffe

Pflanzliche Faserstoffe

Bakos, Z., Gehring, J.: Faserflachs-Zuchtversuche. Magyar Textiltechn. **22** (1970) 4, S. 183–185.

Tierische Faserstoffe

Shiozaki, H., Tanaka, Y., Ishino, K., Murase, R.: Reaktion von Epoxiden mit Seidenfibroin. Kogyo Gijutsuin Sen'i Kogyo Shikensho Kenkyo Hokoku, Yokohama (Bull. Textile Res. Inst. jap. Government) **87** (1969) 6, S. 25–29. (jap., engl. Zusammenfass.)
Kremky, J., Szuba, M.: Bericht über die Aufzucht von Seidenraupenbiotypen während 1967 bis 1968. Pr. Labor. Jedwabiu naturaln. (Arb. Labor-Naturseide) **14** (1969) 23, S. 9–35.
Descours, J.: Eine mit Maulbeerblättern aus Warmbeeten aufgezogene Frühjahrsseidenraupe als Faktor bei der Evolution von Hybriden. Pr. Labor. Jedwabiu naturaln. (Arb. Labor. Naturseide) **14** (1969) 23, S. 5–8.

Chemiefaserstoffe

Cellulose und Zellstoff

Surewicz, W., Wandelt, P.: Untersuchungen zur Herstellung von gebleichtem Sulfatzellstoff aus Kiefern- und Birkenholz sowie ihren Mischungen. I. II. Przegl. papierniczy **26** (1970) 2 (313), S. 41–47; 3 (314), S. 85–89.

Regeneratfaserstoffe

Treiber, E.: Einige Notizen zur Auswertung von Filtrierbarkeitsmessungen an Viskose. Faserforsch. u. Textiltechnik **21** (1970) 6, S. 259–261.
Reznik, K. Ja., Gajdukov, K. A., Grickov, I. V., Butjagin, P. A.: Zur Stabilisierung der Parameter von Viskosefaserstoff beim Erspinnen. Chim. Fasern) (1970) 3, S. 49–52.
Kremnev, O. A., Borovskij, V. R., Satanovskij, A. L., Kigel, T. B., Bugajčuk, N. F., Belikova, D. Ja., Simko, I. G., Mogilevskij, R. M., Surov, N. A.: I. Intensivierung des Nachbehandlungsprozesses von geschnittener Stapelfaser. Chim. Volokna (Chem. Fasern) (1970) 2, S. 53–55.

Synthetische Faserstoffe

Dietrich, K., Versäumer, H.: Schmelzspinnvorrichtung für kleine Substanzmengen. Faserforsch. u. Textiltechnik **21** (1970) 6, S. 261–263.
Rumsey, J. S.: Die Einführung von Qiana-Polyamid. Mod. Textiles Mag. **51** (1970) 2, S. 48–52.
Koch, P.-A-: Bikomponentfasern. Textilindustrie, Mönchengladbach **72** (1970) 4, S. 253–256.
Scheller, M., Lauckner, W., Dörfel, G.: Erste Erfahrungen bei der Verarbeitung und Veredlung von Bikomponentenseide im Strumpfsektor. Dt. Textiltechnik **20** (1970) 5, S. 303–306.
Frank, H.-A-: Herstellung, Eigenschaften und Verwendung von Geweben aus Folieflachfäden. Techn. Textilien **13** (1970) 1, S. 6–11.

III. Fäden-Herstellungstechnologien

Keller, H. A.: Forschung und Produktionsentwicklung im Spinnereimaschinenbau. Chemiefasern **20** (1970) 5, S. 383–387.

Spinnerei. Zwirnerei

Spinnereivorbereitung

Horvath, M.: Neue Spinnverfahren in der Kammgarnspinnerei. Dt. Textiltechnik **20** (1970) 4, S. 213–215.
Chylewska, B.: Geraderichtung der Fasern im Kammgarn-Vorspinnverfahren. Przegl. wólkienn. (Textil-Rdsch.) **24** (1970) 2, S. 64–67.

Spinnerei

Surtalor, T.: Parameter, welche die Form des Garnkörpers beeinflussen. Tekstil. Prom., Sofija (Textil-Ind.) **19** (1970) 2, S. 15–16.
Sevost'janov, A. G., Michajlov, B. S.: Analyse des Arbeitens des Streckwerks einer Direktspinnmaschine mit Schneidrädchen als Umlenkvorrichtung. Izv. vysšich uč. Zav. Technol. tekstil. Prom. (Hochschulnachr. Technol. Textil-Ind.) (1969) 6, S. 39–42.
Abonyi, I.: Das optimale Programmieren von Karden. II. Teil. Magyar Textiltechn. **22** (1970) 3, S. 120–123.
Wegener, W., Bechlenberg, H.: Regelungstechnische Untersuchungen an der WBZ-Regulierstrecke. Textilindustrie, Mönchengladbach **72** (1970) 4, S. 266–271.
Borzunov, I. G., Adrianov, G. F.: Änderung der Kardierparameter über der Deckelbreite bei verschiedenen Verfahren der Deckeleinstellung. Izv. vysšich uč. Zav. Technol. tekstil. Prom. (Hochschulnachr. Technol. Textil-Ind.) (1969) 6, S. 52–55.

Zwirnerei

Kukin, G. N.: Die Bewertung der Produktivität von automatischen Zwirn-Reißapparaten. Magyar Textiltechn. **22** (1970) 2, S. 86–87.

Erzeugnisse der Spinnerei und Zwirnerei

Fa. Pretty Polly: Bahnbrecher der Midlands. Textile Month (1969) 12, S. 99, 100, 102.
Andrianov, Ju. V.: Zum Problem der auf ein Flachsbastfaserband in der Vibrationszone einwirkenden Kräfte. Izv. vysšich uč. Zav. Technol. tekstil. Prom. (Hochschulnachr. Technol. Textil-Ind.) (1969) 6, S. 32–34.
Spreizdorne für moderne Garnprozesse. Internat. Dyer, Textile Printer, Bleacher, Finisher **143** (1970) 3, S. 170.
Veränderungen auf dem Reifencordgebiet für die siebziger Jahre. Chem. engng. News **48** (1970) 6, S. 14–15.

Texturfäden

Die Entwicklung der Texturiertechnik. Spinner, Weber, Textilveredlung **88** (1970) 4, S. 354–359.
Karmos, V.: Die Verarbeitung von Polyester-Bauschgarnen in den Rundstrickbetrieben. Magyar Textiltechn. **22** (1970) 2, S. 79–85.
Das Texturieren von Syntheseseiden auf Strumpfautomaten. Inform. Přehled. Výzkumný Ústav Pletarský, Brno (Inform.-Übers. Wirkerei-Inst.) (1969) 4/5, S. 3–4.

Kern/Mantel-Fäden

Zeltstoffe aus Kernmantelfäden. Dt Textiltechnik **20** (1970) 5, S. 330.

IV. Flächengebilde-Herstellungstechnologien

Die verglichenen Techniken: Malimo, Weberei, Maschenherstellung. Ind. textile, Paris (1970) 988, S. 168.
Zolotnickaja, K. N., Lebedeva, A. V.: Malimo für Kinderwäsche. Tekstil. Prom., Moskva (Textil-Ind.) **30** (1970) 3, S. 14–15.
Beljaev, V. N.: Zur Möglichkeit der Verringerung der Vortuchbildung. Izv. vysšich uč. Zav. Technil. tekstil. Prom. (Hochschulnachr. Technol. Textil-Ind.) (1969) 6, S. 76–78.

Materialvorbereitung

Hebberling, F.: Konstruktion für Programme der Spulgeschwindigkeit bei zylindrischen und konischen textilen Wickelkörpern. Textile Res. J. **40** (1970) 1, S. 48–59.
Mustafaev, R. I., Parfenov, D. L.: Anforderungen an die Bezüge der Abquetschwalzen von Schlichtmaschinen. Izv. vysšich uč. Zav. Technol. tekstil. Prom. (Hochschulnachr. Technol. Textil-Ind.) (1969) 6, S. 133 bis 134.

Weberei-Technologie

Matousek, L.: Die tschechoslowakischen Wasser-Düsen-Webmaschinen. Invest. Inform. Textil, Barcelona **12** (1969) 4, S. 465–469.
Efremov, E. D., Kisljakova, A. M.: Über das Abziehen der Kette vom Zettelbaum. Izv. byssich uč. Zav. Technol. tekstil. Prom. (Hochschulnachr. Technol. Textil-Ind.) (1969) 6, S. 60–64.

Wirkerei und Strickerei. Konfektions. Sonstige Technologien

Gržibovskij, V. V., Radzievskij, V. A.: Fadenverbrauch im Kettenwirkprozeß. Izv. vysšich uč. Zav. Technol. legkoj Prom. (Hochschulnachr. Technol. Leichtind.) (1970) 2, S. 133–138.
Backes, H.: Ausgereifte Frontfixierung in der Praxis. Melliand Textilber. internat. **51** (1970) 4, S. 460–461.

Wirkerei- und Strickerei-Technologie

Weber, K.-P.: Die Kettenwirkerei – Technologische und bindungstechnische Grundlagen sowie Mustereinrichtungen. Melliand Textilber. internat. **51** (1970) 5, S. 535–540.
Kettenwirkautomat mit frontalem Schußeintrag mit zwei Legebarren und Magazinschußeinrichtung Typ KE 2 MS. Chemiefasern **20** (1970) 5, S. 409–410.
Brenštejn, L. P.: Herstellen von Gewirken aus Komelan. Tekstil. Prom., Moskva (Textil-Ind.) **30** (1970) 3, S. 42–43.
Offermann, P., Tausch-Marton, H., Haupt, H.: Großrundstricken – regulär oder nicht? Dt. Textiltechnik **20** (1970) 4, S. 217–224.
Ludwig, L.: Wirksame Faserflugentfernung aus der Strickzone von Großrundstrickmaschinen. Dt. Textiltechnik **20** (1970) 4, S. 224–226.

Erzeugnisse der Wirkerei und Strickerei

Kisaka, N., Kawakami, T.: Computersteuerung der Musterung für eine Rundstrickmaschine (Verfahren zur Herstellung eines Musters). Kogyo Gijutsuin Sen'i Kogyo Shikensho Kenkyo Hokoku, Yokohama (Bull. Textile Res. Inst. jap. Government) **86** (1970) 3, S. 35–52. (jap., engl. Zusammenfass.)

Textilverbundstoffe

Faserverbundstoffe. Vliesstoffe

Lasch, G.: Elementarfadenvliesstoffe – Herstellung, Eigenschaften und Anwendung. Techn. Textilien **13** (1970) 1, S. 1–6.
Tichomirov, V. B.: Neuentwicklungen in der Produktion von Klebvliesstoffen im Ausland. Tekstil. Prom., Moskva (Textil-Ind.) **30** (1970) 3, S. 55–57.
Gönci, A.: Fertigung und Qualitätsprüfung von Tufted-Teppichen. III. Teil. Magyar Textiltechn. **22** (1970) 4, S. 199–201.

Schichtstoffe

Kirchenberger, H.: Die Nadelflortechnik – Prinzip, Maschinen und Verwendung. Dt. Textiltechnik **20** (1970) 5, S. 309–315.
Wdowiak, T.: Herstellungstechnologie von nichtgewebten Materialien. Papierklebvliesstoffe aus Stapelfasern. Przegl. papierniczy **26** (1970) 3 (314), S. 94–97.

V. Textilveredlung

Baumwaschverfahren für Färbungen nach dem Kaltverweilverfahren. Textile Month (1970) 1, S. 73–74.
Kerekov, H.: Das Ausrüsten von Flachkettengewirken aus Polyamidseide/Regan auf dem HT-Baumfärbeapparat. Bekleid. u. Maschenware **9** (1970) 2, S. 56–57.
Berger, W. G.: Das Färben, Ausrüsten und Drucken von Dacron T 65 im Kammzug, Garn und Stück. Melliand Textilber. internat. **51** (1970) 4, S. 438–446.

Farbstoffe. Textilhilfsmittel

Peters, A. T.: Synthese und UV-Spektren von Nitroanilinpyridinen. J. Soc. Dyers Colourists **86** (1970) 2, S. 77–79.
Günter, H.: Die Färbereihilfsmittel für Synthesefasern und ihre Funktionen. Spinner, Weber, Textilveredlung **88** (1970) 4, S. 367–370.
Androsov, V. F., Zaktreger, L. I., Golovanov, E. N., Andreeva, K. I.: Untersuchung zur Elektrophorese von Säurefarbstoffen. Izv. vysšich. uč. Zav. Technol. tekstil. Prom. (Hochschulnachr. Technol. Textil-Ind.) (1969) 6, S. 86–90.
Hall, D. M., Sayre, J. G.: Innere Architektur von Kartoffel- und Cannastärke. Teil I. Mahlversuche. Textile Res. J. **40** (1970) 2, S. 147–157.

Bleicherei. Sonstige Vorbehandlungsarbeiten der Textilveredlung

Bartozak, St.: Das Bleichen von Gewirken aus Mischgarnen Baumwolle. Polyamid mit im Bleichbad enthaltener Peressigsäure. Przegl. włókienn. (Textil-Rdsch.) **24** (1970) 2, S. 68–72.
Richter, H. G.: Die Weißausrüstung von Polyamid-Wirkwaren. Wirk.- u. Strick.-Technik **20** (1970) 4, S. 189, 192, 194, 196.

Färberei

Broecker, B., Fiolka, D., Rath, H.: Über Reaktivnaphthole. Melliand Textilber. internat. **41** (1970) 4, S. 447–450.
Kunze, W.: Das Färben texturierter Polyesterfäden. Chemiefasern **20** (1970) 5, S. 398–401.

Thermosol-Verfahren. Internat. Dyer, Textile Printer, Bleacher, Finisher **143** (1970) 4, S. 231–233.
Janas, R. J.: Färben von Celon(Polyamid-6)Geweben auf Jiggern. J. Soc. Dyers Colourists **86** (1970) 2, S. 73–76.
Mit basischen Farbstoffen färbbare Polyamidseide für kettengewirkte Oberbekleidung. Textile Month (1970) 1, S. 79–90.
Schork, Ch.: Verfahrensvarianten beim Färben von PAC-Faserstoffen. Melliand Textilber. internat. **51** (1970) 4, S. 435–437.
Minaeva, T. M., Korčagin, M. V.: Verhalten reaktiver Dispersionsfarbstoffe unter den Bedingungen des Färbens von Polyamidfaserstoffen. Izv. vysšich uč. Zav. Technol. tekstil. Prom. (Hochschulnachr. Technol. Textil-Ind.) (1969) 6, S. 83–86.

Druckerei

Das schnelle Bedrucken von wollenen Geweben mit Hilfe des Ameisensäureverfahrens. Tex. Doetinchem/Nd. **29** (1970) 1, S. 56–58.
Rowbotham, J. I.: Ausbrenndruck. Hosiery Trade J. **77** (1970) 913, S. 118 bis 119.

Ausrüstung. Trocknung

Krentz, V., Ilg, H., Bechter, D.: Untersuchungen zum Einsatz von Infrarotstrahlen bei Fixierungsprozessen in der Textilveredlung. Textil-Praxis **25** (1970) 4, S. 220–223.
Vullo, W. J.: Behandlung von Baumwollgeweben mit Methyltrivinylphosphorjodid und Trivinylphosphinoxid. Textile Res. J. **40** (1970) 2, S. 197 bis 199.
Kretschmer, A., Stuck, F. W.: Sind Farbtonbeeinflussungen in direktbeheizten Thermosolanlagen vermeidbar? Melliand Textilber. internat. **51** (1970) 5, S. 570–573.
Heißverschweißen und Heißversiegeln. Bull. Inst. Textile France **24** (1970) 146, S. 89–98.
Rowland, St., P., Brannan, M. A. F.: Abwandlungen in der verzögerten Härtung von Baumwolle durch eine innere Katalyse mittels Reaktion von Divinylsulfon. Textile Res. J. **40** (1970) 2, S. 101–108.
Mesjačenko, V. T., Bidnaja, V. F.: Einfluß der effektiven Rauhgeschwindigkeiten auf die Festigkeitseigenschaften der Wollfasern. Izv. vysšich uč. Zav. Technol. tekstil. Prom. (Hochschulnachr. Technol. Textil-Ind.) (1969) 6, S. 23–28.
Riedel, D.: Der folgerichtige Krumpfvorgang innerhalb der Trockenausrüstung von Geweben oder Gewirken aus Wolle und Wollmischungen. Melliand Textilber. internat. **51** (1970) 4, S. 432–435.
Verhoeven, A.: Textiletikettierung als Aufklärung für den Verbraucher. Tex, Doetinchem/Nd. **29** (1970) 1, S. 29–31.

Wäscherei. Chemische Reinigung

Waschmittel: NTA ist das Beste. Chem. engng. News **48** (1970) 6, S. 10.
ten Cate, G. J. H.: Vergleichende Untersuchung an einzelnen Haushalttrommelwaschmaschinen. Tex, Doetinchem/Nd. **29** (1970) 3, S. 184–189.

VI. Werkstoffprüfung. Meß- und Prüftechnik. Standardisierung

Eigenschaften und Fehler der Textilmaterialien u. a.

Godfrey, L. E. A.: Differential-Thermoanalyse (DTA) und thermogravimetrische Analyse (TGA). Untersuchungen an schwer entflammbaren Viskosefaserstoffen. Textile Res. J. **40** (1970) 2, S. 116–126.
Marčenko, L. N., Grinjuk, M. A., Sorokina, N. S., Kotov, M. P.: Eigenschaften vereinigter Polyamid- und Phenol/Formaldehyd-Harze. Mitt. 2. Untersuchung der Wasserbeständigkeit von Klebverbindungen, die durch Schmelzen kombinierter Harze gebildet wurden. Izv. vysšich uč. Zav. Technol. legkoj Prom. (Hochschulnachr. Technol. Leichtind.) (1970) 1, S. 64–68.
Tomászewski, L., Łysek, E.: Einfluß des Lichtes auf die physikalisch-mechanischen Eigenschaften von Polyamid- und Polypropylennetzen. Przegl. włókienn. (Textil-Rdsch.) **24** (1970) 2, S. 56–58.
Bočkina, V. S., Nikolaeva, N. S., Mogilevskij, E. M., Michajlov, N. V.: Einfluß des Zinksulfats auf das Erspinnen und auf die Eigenschaften von Polynosefaserstoffen. Chim. Volokna (Chem. Fasern) (1970) 2, S. 46–48.
Schönefeld, G., Wintergerst, S.: Beeinflussung von Struktur und Festigkeit von Polypropylen durch Wärmebehandlung. Kunststoffe **60** (1970) 3, S. 177–184.
Egerton, G. S., Morgan, A. G.: Die Photochemie der Farbstoffe. I. Grundlagen. J. Soc. Dyers Colourists **86** (1970) 2, S. 79–83.
Aronova, E. I., Solov'ev, A. N.: Vergleich der beim Dehnen bis zum Zerreißen erzielten Charakteristiken von rechteckigen, profilierten und ringförmigen Gewirkeproben. Izv. vysšich uč. Zav. Technol. logkoj Prom. (Hochschulnachr. Technol. Leichtind.) (1970) 2, S. 34–37.
Barella, A., Torn, J.: Erste Erfahrungen über den Einfluß der Benetzung auf das Drehmoment von Baumwollgarnen und -mischgarnen. Invest. Inform. textil, Barcelona **12** (1969) 4, S. 417–428.
Warburton, C. E., jr.: Varianz der Bruchfestigkeitsverteilung von Garnen, chemisch behandelten Baumwollgeweben entnommen. Einfluß der Vernetzung der Polymerverteilung und der Dehnungsgeschwindigkeit. Textile Res. J. **40** (1970) 1, S. 75–80.
Feser, K., Glück, M., Mair, H. J.: Die elektrische Festigkeit von Polyamid. Kunststoffe **60** (1970) 3, S. 155–160.
Albrecht, W.: Wie läßt sich faserseitig und durch Konstruktion das Pilling von Artikeln aus Polyester-Spinnfasern vermeiden? Chemiefasern **20** (1970) 5, S. 387–396.
Migranjan, T. Š., Pen'kova, M. P., Livšic, R. M., Rogovin, Z. A.: Untersuchung der fadenbildenden Eigenschaften von Pfropfcopolymeren des Polyacrylnitrils und ihren Gemischen mit Homopolymeren. Chim. Volokna (Chem. Fasern) (1970) 2, S. 25–27.
v. Hornuff, G., Krause, W., Dornig, D., Harnack, D.: Über das färberische Verhalten von Polyamidkräuselseiden. Dt. Textiltechnik **20** (1970) 4, S. 232–240.
Satlow, G.: Konstruktionsmerkmale und meßbare Eigenschaften von Teppichböden. Textilindustrie, Mönchengladbach **72** (1970) 4, S. 278–286.

Meß- und Prüftechnik

Edel, G., Etienne, H.: Thermischer Abbau von Polyamid 6.6. II. Abbau in Gegenwart von Luft bei Temperaturen unter 300 °C. Bull. Inst. Textile France **24** (1970) 146, S. 23–45.
Swanepoel, O. A., van Rensburg, N. J. J.: Bestimmung des Feuchtegehaltes an Protein mit einem automatischen Elementar-Analysator. Textile Res. J. **40** (1970) 2, S. 191–192.
Edelmann, K., Wyden, H.: Bestimmung der Dichte von Polymer-Schmelzen mit dem Schmelzindex-Prüfgerät. Kautschuk, Gummi, Kunststoffe **23** (1970) 4, S. 146–147.
Jaag, H. R., Frei, A.: Über eine neue Bestimmung der Aktivität von Waschmittelenzymen direkt an textilem Material. Tenside, München **7** (1970) 2, S. 70–75.
Hass, E.: Einige universelle Grundlagen der Meßtechnik. Technik **25** (1970) 5, S. 322–326.
Rysjuk, B. D.: Gerät zur Bestimmung des Luftgehaltes in Spinnlösungen. Chim. Volokna (Chem. Fasern) (1970) 2, S. 72–74.
Walter, J. D.: Zentrifugal-Effekt von aufgepumpten, rotierenden, zweilagigen Autoreifen. Textile Res. J. **40** (1970) 1, S. 1–7.
Wegener, W., Ehrler, P.: Probleme der Simulation realer Faserverbände. Melliand Textilber. internat. **51** (1970) 4, S. 378–383.
Bestimmung der Ungleichmäßigkeit der linearen Masse von kurzen Abschnitten von Bändern, Lunten und Garnen aus Wolle mit dem Zellweger/Uster-Gleichmäßigkeitsprüfgerät. Invest. Inform. textil, Barcelona **12** (1969) 4, S. 471–482.
Stein, W.: Reibungsmessungen an unterschiedlich avivierten Polyester/Wolle-Gespinsten bei hohen Reibgeschwindigkeiten. Textil-Praxis **25** (1970) 4, S. 208–212.
Reine, A. H., Arthur, J. C., jr.: Photochemie der Baumwollcellulose. Die unmittelbare Wirkung des langwelligeren UV-Lichtes auf gereinigte Baumwoll-Cellulose. Textile Res. J. **40** (1970) 1, S. 90–92.
Bauters, M.: Verfahren zur elektrophoretischen Bestimmung von Polyamid-6.6, -6 und -11. Bull. Inst. Textile France **24** (1970) 146, S. 7–11.
Brand, R. H., Kende, P.: Die Messung der dreidimensionalen Faserkräuselung. Textile Res. J. **40** (1970) 2, S. 169–177.
Kukin, G. N., Fedorova, E. F.: Verfahren zum Prüfen von Gewebe auf Weiterreißfestigkeit. Izv. vysšich uč. Zav. Technol. tekstil. Prom. (Hochschulnachr. Technol. Textil-Ind.) (1969) 6, S. 10–15.
Heeremans, C.: Beitrag zur Untersuchung des Bocking-Tetrapod-Walker-Prüfgerätes. Teil 2. Ann. sci. textiles belges (1970) 1, S. 67–80.

Standardisierung. Terminologie

Bedslob, S., Müller, D.: Die Standardisierung als Bindeglied zwischen Vorlieferanten, Finalproduzenten und nachgelagerten Zweigen. Bekleid. u. Maschenware **9** (1970) 2, S. 63–64.
Deutsches Amt für Meßwesen und Warenprüfung: Textilreinigung, Wäscherei, Begriffe, Arbeitsvorschrift. DAMW-VW 644, Textilreinigung, Leipzig **17** (1970) 4, S. 125.

VII. Betriebstechnik. Ökonomie. Tagungsberichte und dgl.. Sonderfragen

Betriebstechnik

Bottler, J.: Fortschritts- und Leistungskontrolle mit elektronischen Datenverarbeitungsanlagen in der Fertigung von Strickerei/Wirkerei-Unternehmen. Melliand Textilber. internat. **51** (1970) 5, S. 549–552.
Rauch, A.: Elektronische Datenverarbeitung in der Textilindustrie. Textilindustrie, Mönchengladbach **72** (1970) 5, S. 362–366.
Suchecki, St. M.: Der Computer in der Färberei. Melliand Textilber. internat. **51** (1970) 5, S. 561–565.
Williams, Th. J.: Computer und Prozeßsteuerung. IEC. Ind. engng. Chem. **62** (1970) 2, S. 28–40.
Shibuya, A.: Computerprogramm für Aufmachungsprozesse. Kogyo Gijutsuin Sen'i Kogyo Shikensho Kenkyo Hokoku, Yokohama (Bull. Textile Res. Inst. jap. Government) **86** (1969) 3, S. 53–63. (jap., engl. Zusammenfass.)
Karste, E.: Numerische Steuerungen. Bekleid. u. Maschenware **9** (1970) 2, S. 90–92.
Liebscher, U., Hilbrig, V.: Produktionshygiene. Teil 2. Techn. Textilien **13** (1970) 1, S. 12–18.

Ökonomie

Findeisen, Th.: Das System der wissenschaftlichen Arbeitsgestaltung als Voraussetzung für die Sicherung einer hohen Effektivität der komplexen Mechanisierung und Automatisierung. Dt. Textiltechnik **20** (1970) 4, S. 252–258.
Rexhausen, I., Pester, E., Feiertag, H.: Verwirklichung der Grundrichtung des Arbeitsstudiums, der Arbeitsgestaltung und der Arbeitsnormung unter Einbeziehung des Bewegungsstudienverfahrens. Bekleid. u. Maschenware **9** (1970) 2, S. 84–86.
Gerlach, G.: Eindampfen von Schwefelsäure mit Tauchbrennern. Chemie-Ing.-Technik **42** (1970) 7, S. 452–456.
Schmied, H.-G., Heinig, H., Littke, W.: Erfahrungen beim Aufbau eines Modellsystems. Wirtschaft, Ausg. A **25** (1970) 22, S. 16.
Morgenthal, J.: Berechnung der perspektivischen Entwicklung der Kosten und Fonds des Reproduktionsprozesses mit REPRO II. Wirtschaft, Ausg. A **25** (1970) 21, S. 7–8.
Schaumjan, G. A.: Wissenschaftlich-technische Revolution und Nutzeffekt der neuen Technik. Effekt (1970) 2, S. 9–12.
Krause, H. W.: Zukunftsperspektiven textiler Fertigung. Textil-Praxis **25** (1970) 4, S. 195–200.
Frank, T.: Über die Ausnützung der Arbeitszeit von Direktoren in den Westländern. Magyar Textiltechn. **22** (1970) 4, S. 218–221.
Überblick über die Anwendung von textilen Faserstoffen. Textile Organon **41** (1970) 1, S. 1–23.
Bencze, K.: Über die Vergangenheit und Entwicklung der japanischen Textilindustrie. Magyar Textiltechn. **22** (1970) 4, S. 177–182.

Sonderfragen

Busch, H.: Die Rangstellung einer Nation wird weitgehend von ihrer technologischen und wissenschaftlichen Leistung bestimmt. VDI-Z. **112** (1970) 8, S. 477–481.
Informationsfluß ist keine Einbahnstraße. Wirtschaft, Ausg. A **25** (1970) 21, S. 8.
Wie man Ideen systematisch gewinnen und verwerten kann. Effekt (1970) 2, S. 35–39.
Döbbel, F., Raabe, I.: Der Leiter und die Forschung. Wirtschaft, Ausg. A **25** (1970) 22, S. 5.

Eingesenkte Bohrlochaustritte

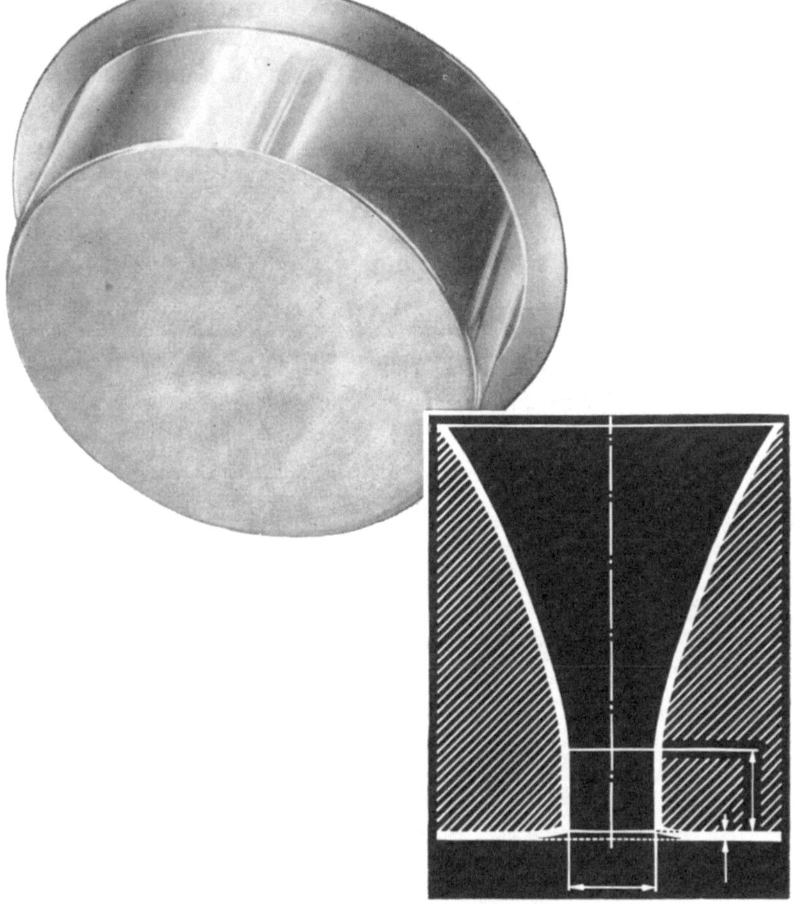

Im Zeitalter der wissenschaftlich-technischen Revolution gelten keine Dogmen. Scheinbar gesicherte Erfahrungswerte müssen besseren Erkenntnissen weichen, wenn sie dem technischen Fortschritt hemmend im Wege stehen.

Ein Beispiel aus der Spinndüsenherstellung: Die Forderung nach scharfkantigen Bohrlochaustritten hat sich hartnäckig über sechs Jahrzehnte gehalten und fast den Charakter eines Axioms angenommen. Nach einer weit verbreiteten Meinung garantiert nur dieses Prinzip einen einwandfrei ablaufenden Fadenbildungsprozeß in der Viskoseseidenherstellung. Alle Nachteile werden als notwendiges Übel unkritisch in Kauf genommen: Die hohe Anfälligkeit dieser Düsen gegenüber Beschädigungen bei normaler Handhabung in der Düsenstation, beim Auswechseln und beim Reinigen. Ein anderes Übel dieses Konstruktionsprinzips besteht darin, daß der Härtegrad der Düsen im Herstellungsprozeß nachteilig beeinflußt wird.

Wir haben dieses vielschichtige Problem aufgegriffen und die Zusammenhänge zwischen der Faserstoffqualität und der Gestaltung der Kapillaraustritte untersucht. Das Ergebnis unserer Bemühungen: Eine neuartige Spinndüse, die sich von der konventionellen dadurch unterscheidet, daß sie leicht eingesenkte Bohrlochaustritte besitzt. Diese Neuheit wurde in variantenreichen und exakt belegten Einsätzen in repräsentativen Chemiefaserwerken erprobt. Der Vergleich mit Düsen hergebrachter Form ergab für die Neukonstruktion: Geringere Anfälligkeit gegenüber Beschädigungen bei Einsatz, Wechsel und Reinigung, Verlängerung der Standzeiten und Verminderung des Düsenwechsels, insgesamt gesehen also gesteigerte Effektivität des Spinnprozesses.

Wertsiegel
vollendeter Präzision

VEB SPINNDÜSENFABRIK GRÖBZIG · DDR-4373 GRÖBZIG · BEZ. HALLE · TELEFON 215, 218 · TELEX 04-7761 duese dd

31712

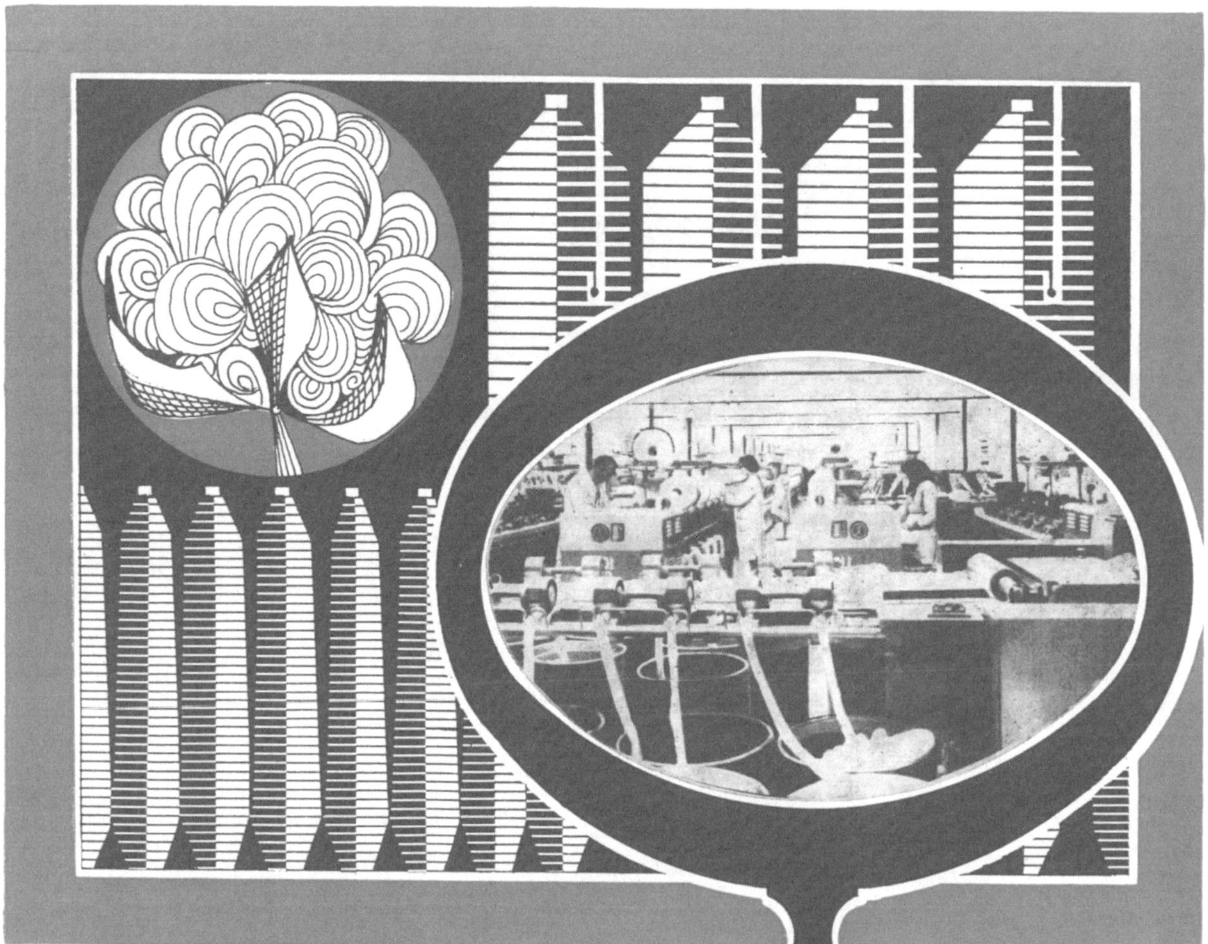

MIX
Papier | Fördert gute Waldnutzung
FSC® C083411

Zeitfracht Medien GmbH
Ferdinand-Jühlke-Straße 7
99095 Erfurt, Deutschland
produktsicherheit@kolibri360.de